ここまで知らなきゃ損する

痛快
イネつくり

著●井原 豊
Ihara Yutaka

農文協

井原豊「への字型イネつくり」３部作の復刊にあたって

１９８０年代から、１９９７年に67歳で亡くなるまで、『現代農業』や単行本で健筆をふるった兵庫県の農家、井原豊さん。イネの力を信じ、「への字型稲作」で、もっとおおらかにイネを育てようと呼びかけ、語りかけた井原さんの言葉は、「への字」に育った太茎の痛快かつ豪快なイネ姿とともに、多くの農家を惹きつけていった。

そんな「への字型稲作」が、今、改めて輝きだした。徹底した低コストが「への字型稲作」の身上だが、これに加え、生育中期の活力が高いへの字のイネは高温障害に強く、刈取り時には鮮麗な熟色になって「天寿をまっとうする」育ち方はタンパクが残りにくく、食味向上につながると注目されている。

「今のイネつくりのすべてを逆にしたへの字理論は、イネの生理からみてほんとうの正しいイネつくりである。篤農家の稲作技術ではない。わが国稲作二〇〇〇年の集大成ともいうべき、日本古来の先人の知恵の塊である」と言い切った井原さん。現代のイネつくりに刺激的なヒントを与え、そして「知恵の塊」を伝える農家が書いた本として、私たちは井原さんのイネ３部作を復刊することにした。

復刊にあたって、それぞれに識者による解説を加えることにした。１９９８年、井原さんの早過ぎる死を悼む本『井原死すともへの字は死せず』が追悼集刊行会（事務局・山下正範）によって刊行され、そのなかで、橋川潮さん、宇根豊さん、稲葉光國さんが、井原さんから学ぶこと、引き継ぎたいことについて長文で本格的な考察をしている。20年以上前の文章だが、今読んでもたいへん示唆に富むものと考え、再掲載させていただいた。以下、3部作と解説について、簡単に紹介したい。

『ここまで知らなきゃ損する　痛快イネつくり』（1985年12月発行）

井原さんの初めての単行本は、同年7月発行の『ここまで知らなきゃ農家は損する』。徹底した低コスト栽培を追究する井原さんが、「肥料は経営を狂わす元凶だ」といったぐあいに、肥料や農薬、機械など、資材の買い方使い方で農家はこんなに損していると、歯に衣を着せず軽妙に指摘。「目から鱗」と大きな話題となった。そんな反響が続くなか同年12月、初めての稲作本『痛快イネつくり』が発行された。徹底低コストの「への字型イネつくり」の考え方と方法を『現代農業』の連載をもとに、筋道だててそれこそ痛快に表現した。

解説は、V字理論を真っ向から批判した数少ない研究者の一人である橋川潮さん（滋賀県立大学名誉教授・故人）。「水田の力　イネの力を信じる『への字』」と題し、水田の養分収支をめぐる研究成果にもふれながら、「すばらしい水田地力を100％活かそう」と提案している。

『ここまで知らなきゃ損する　痛快コシヒカリつくり』（1989年3月発行）

『痛快イネつくり』から4年後に発行。倒れやすくつくりにくい良食味品種をつくりこなしてこそ日本の稲作に将来があると井原さん。コシヒカリ・朝日・ハツシモなどの良質米栽培の指針として「への字型稲作」の魅力と自在なありようを存分に語っている。

解説は、元福岡県の普及員で、減農薬運動の推進役を担った宇根豊さん。「井原豊は何の扉を開いたのか」と題し、なぜ井原さんが書く記事や単行本が農家の心をつかむのか、「表現者」としての井原さんに焦点を当てて記述している。

『写真集　井原豊のへの字型イネつくり』（1991年3月発行）

井原さんのイネを撮り続けたカメラマンの協力を得て写真集にまとめた。「自分のイネと比べながら、いつどのぐらいの姿をめざすかをわかっていただければ、への字型稲作の真意を理解願えると思う」（「まえがき」より）

解説は、稲葉光國さん（民間稲作研究所代表）。「二十一世紀稲作の主流　環境保全型稲作の基礎を築いたへの字型稲作」と副題にあるように、「環境保全型農業」推進の立場から「への字型稲作」の技術のしくみと価値を明らかにしている。

本復刊3部作が、これからのイネつくりを考える素材に、そしてイネつくりのおもしろさが膨らむ「稲作談議」の一助になれば幸いである。井原豊さんもそれを願っていると思う。

２０１9年10月

一般社団法人　農山漁村文化協会

はじめに

私のイナ作方式と理論は井原式とはいわない。あくまで井原流である。過去にあった『〇〇式イナ作』といった、型にはまった一つの篤農家的方式ではない。あらゆる土地、あらゆる方式に順応できるイネつくりである。それは、イナ作経験四〇回を通じて得たイナ作の真髄である。

したがって、井原流痛快イネつくりは、何石どりとか、超多収イナ作とかいうものでもない。それは、つくる方式によっては豪快なイネであり、ときには痛快なイナ作である。

痛快と豪快。この言葉は似て非である。そしてまた、同じ意味でもある。

野球にたとえれば、三遊間真っ二つ、火を吐くようなクリンヒットは痛快であるし、ランナーをためてスタンドに打ち込むホームランは豪快そのものである。

疎植手植えでススキのような茎、二〇〇粒以上の巨大な穂をたれたイネは豪快きわまりない。密植機械植えでも、ズシッと穂をたれこんで山吹色に熟した、下葉までガリガリしたイネは痛快である。

収量はたとえ九俵であっても一二俵であってもかまわない。コストをギリギリに下げ、手間のいらない満足なイナ作であればそれでよい。

反収九俵にとどまるか、一二俵いただくかは天候がきめる。人の努力の及ぶところではない。豪快で痛快なイネを育てれば、収量は結果である。

一町歩のイネをつくりながら、四〇年間イネを観察しつづけながら得たことを、独断と偏見に満ちた理論で、既成農業理論を大上段に斬る心意気で書きまとめた。

人生に定年はあってもイナ作技術に定年はない。思えばずいぶんと回り道をしたものだがまだまだ未熟である。私も人生の定年がくるまで勉強をつづけねばならない。

この意味でどうかご批判、ご指導をいただければ幸甚である。

一九八五年十月

著　者

目次

品種の性格判断編
——イネつくりが一〇倍楽しくなる品種選び

痛快イネつくり基本編

――いらぬせっかいイネを狂わす

1 これがイネの本当の姿だ

そもそもイネはこう育つ

人間がいじくらない、自然のイナ作を考えてみよう。

世に化学肥料の存在しなかった昔、農家の唯一の肥料は堆肥であった。「堆肥によるイナ作」が日本のイナ作の原点であったはず。

完熟堆肥反四トン内外だけで、昔どおり健苗を手植え疎植したとするとこんな育ちになる（私もこれを実践している）。

分けつゆっくり、親茎は日ごとに太く（初期）

「とりつき肥」とか「ありつき肥」とかの化学肥料がはいっていないから、田植後二週間は活着しても葉色は淡い。分けつの出方もスローペースだが親茎は日ごとに太く充実してくる。

田植え後半月をすぎてからゆっくりと分けつが出はじめ、葉は直立して一枚もたれ葉はない。田植え後一カ月で目標茎数の半分、尺角疎植（坪三六株植え）なら一五本までである。第1図のようにアゼに立って見たとき、空間が多すぎて淋しく、一株一株は直立して浅植えしてあれば、株は扇形に開

第１図　堆肥だけで自然に育ったイネ

注．品種：コガネマサリ撰，６月24日田植え，田植え後１カ月

尺１寸角疎植のこの開張ぶり

注．ムギ跡，品種：王撰Ⅱ

張している。病気の心配は、絶対といっていいほどない。今、尺角疎植と書いたが、これがたとえ、坪四〇株でも六〇株でも、健苗であれば同じことである。機械植えでも、手植えでも、健苗であれば田植え後一カ月間は同じペースで同じ姿である。

ゴリラのガッツポーズ（出穂前）

元肥に多量の化学肥料のはいった隣の田は、田植え後一カ月で過繁茂になり、ウネ間が見えないぐらい繁っている。しかし、堆肥だけで無肥料の自然の田は、見るに堪えないぐらい淋しかった。

出穂三〇日前（暖地では、九月一日に出穂するイネであれば八月二日ごろ）、このころになると田植え後四〇日～四五日である。隣の化学肥料田は、夏バテがきて色は黄色く活力がなくなっている。分けつを抑制する意味もあり、中干しも強くして肥切れ状態にしているので、下葉は枯れはじめている。

ところが、堆肥自然田はこのころが本領を発揮するころ。土用のカンカン照りで土中の堆肥は分解してどんどん効いてくる。イネは豪快に育ってくる。分けつも最盛期になる。色も相当に濃い。地力のチッソが効いているナ、という感じになる。

八月のお盆ごろ（出穂一五日前）、分けつはふえにふえて、尺角なら三〇本、坪六〇株植えなら二〇本ぐらいに必ずふえている。以前のあの淋しかった面影はない。出穂三〇日前ごろに軽く中干しをしてあるから、土中の堆肥はさらにチッソが効いてくる。そして、出穂一五日前には、イネの姿が完成してゴリラのガッツポーズのようなイネになる。いわゆる大器晩成のイネである。

かぎりなく透明に近い緑（出穂期）

穂の出そろうころのイネの葉色は美しい。イネの一生のうち、いちばん透きとおった緑色で、直立した止葉は威勢を感じさせる。アゼを歩くと、花粉の香りは炊きたての新米の湯気の香りを思い出させる。

さて、その止葉の色であるが、こういう自然づくりではややさめぎみになっている。透きとおったクリスタルな緑である。若竹色よりはやや濃いが、ちょうど竹やぶの葉色に似ている。

竹そのものの葉色は、六月と七月は緑が淡い。いわゆる若竹色。八月にはいるとだんだん緑色が濃くなる。九月になると竹の葉もやや淡くなる。イネも竹も同じ仲間の植物。自然につくれば竹もイネも同じ葉色になって当然ではないのか。

出穂時には、自然のイネはその本能を発揮して、開花授精につごうのよい葉身チッソ濃度に調節するのである。チッソ肥効が最大に達していてはいけないことを、イネは本能的に察知して、自分自身でチッソ吸収を手控えているようである。あるいは出穂というイネのお産で、エネルギーをふりしぼったからでもあろう。

どんな植物も動物も、授精の瞬間は体内のチッソ栄養状態が満腹であってはならない。肥満状態（植物ではチッソ過剰、動物では脂肪過多）ではスムーズな授精はおこなわれない。栄養過多だと子

孫づくりがおろそかになるのであろう。イネのばあいはややチッソ切れ、ということは、逆に体内に充分なデンプンの貯金がある、ということである。

人工的に穂肥を多くやりすぎたイネは、出穂開花時のチッソ調節を自身でやることができない。そのため稔実歩合の低下を人工的に引きおこしているのである。

天寿を全うするイネは

堆肥だけの自然栽培のイネでは、地力チッソの供給は刈取りまで切れ目なくつづく。出穂開花時にややチッソ切れを感じる色に淡くなっても、開花授精を終わるとホッとして、体力回復のため吸肥力はつよくなり、登熟期にはいるとまた葉色は復活して濃くなってゆく。刈取り時には枯れ葉はなく、穂はずしりと重い。

堆肥自然栽培にすると、イネの根は、自動的にチッソ吸収量を調節して理想的にもってゆくように、本能を発揮するのである。

しかし収量は、これがいちばん多収穫というわけにはゆかないかもしれない。堆肥の量と質、植込み苗の本数により、茎数が耕作者の意のままにならないからである。理想的に茎数がとれれば多収するし、茎数があまりにも不足すれば多収はなかろうが、イネ一株、イネ一本をみれば健全に天寿を全うして子孫をふやす形になっているはずである。

イナ作二〇〇〇年、田植機たかだか二〇年

堆肥だけで自然につくったイネは、最も健康に育ち、病気がまったくといっていいほど出ない。淡い葉色の強剛なイネには、メイチュウやウンカも寄りつきにくい、ということは誰もが知っていることだろう。

だから昔から、日本のイナ作二〇〇〇年の昔からの知恵で、「イネは地力、祭りは宵宮」といわれてきたゆえんである。そしてこうした自然のイナ作が、日本のイナ作の原点である。

わずか二〇年の、田植機による稚苗密植栽培。肥料の多投——病虫害発生——農薬での徹底防除、こんなのが自然相手の農業に対して革新技術とは絶対にいえない。

しかもV字型理論という現代の技術指導が、どれだけ多収とコスト低減に役立ったのか。わが国二

〇〇〇年の積み重ねが、わずか二〇年で根本的にくつがえるはずはない。官製技術は、完成ではない。

もし最近の科学技術がイナ作を変えているとしたら、それは農薬の出現である。

簡単に虫を殺す――おかげでメイチュウとウンカの心配をしなくてすむようになった。除草剤のおかげで中耕除草の苦労から解放された。ただこれだけのこと。農薬は、病気に対して絶対的な効果はない。イモチの出るようなイネのつくり方には、いくら薬をまいてもだめだが虫だけは殺す。

青刈り用に申請した減反田にイネを植え、水を入れて除草剤だけ効かせた田の状況は、どうだろう。分けつこそやや少ないが、その健康に満ちた葉色は見事なものになる。また、無肥料無農薬栽培主義者のイネも、草出来は物足りないが、健康色のイネでほれぼれする。無肥料でも、除草さえ完全ならば、誰でも簡単に六俵や七俵のコメはとれる。水管理が粗放でも五俵はとれる。

そんなイネに、出穂三〇日前に硫安を一〇キロもふっとけば、また、出穂二〇日前に尿素を五キロもふっとけば、八俵や九俵のコメは誰にでも上手下手なしにとれる。

苦労して、高い土改材や肥料を入れて、熱心にイネをつくり、過繁茂させて病虫害と闘い、むやみに農薬をまいて、あげくの果てに六俵や七俵の収量なら、いっそのこと無肥料無農薬で六俵とるほうがどれだけ賢いか。

これがイナ作の原点であり、二〇〇〇年の重みである。

だが今、農家のみなさんに、このような粗放栽培を提唱しているのではない。V字型理論とは根本的にちがう育ちをするのが自然のイネであり、そうなるように努力してみたい、と申しあげているのである。

V字理論に対して、私はこのようなつくり方を「への字型理論」と呼びたい。「への字」と「V字」については次項に詳述する。

一粒のモミを三年つくる大百姓はいない

広島県の一中学生が、夏休みの研究課題にイネの生理の実験をした。ドラム缶の半切りに土を入れ、水をたたえて中生新千本のモミを一粒育てた。毎日分けつを数えたところ、出穂期には実に二一二本の穂を数えるに至った、という話は全国的に有名になった。

また、私の知っている徳島県の篤農家は、イネ用ポットに超多収米と騒がれている「アケノホシ」を一粒育てた。これは分けつ九二を数え、三〇〇粒を超す大穂ばかりで、なんと一粒が一万四〇〇〇粒になった、とのことである。

この二つの実験では、いずれもポットやドラム缶という土の量が多く受光と通風がよいという絶好条件があったからこそ、一粒が一万倍以上になったのであるが、実際の圃場では隣、近所の株との競合でこうはゆかない。

しかし、どんなに下手につくっても、イネは実際の圃場で収穫時には、三〇〇〇倍にもなる。

第２図　１粒のモミが3000倍になる

注．品種：アキツホ，尺２寸角植え１株

たとえば、私のやっている尺角または尺二寸角一本植えの手植えのばあいの平均的な数字を示してみよう（第２図）。

尺角一本植えで一粒のモミを育てた。分けつは穂数型で三三本、穂重型で二七本。平均すれば三〇本。また、穂重型で二四〇～一〇〇粒、穂数型で一八〇～八〇粒、一穂に平均一五〇粒はつく。すると一本の苗当たり平均四五〇〇粒稔る計算になるが、実際の圃場の中央部ではこれの七割だ。だから、一粒が三〇〇〇倍になるという計算は決してムリではない。

一粒のモミが三〇〇〇粒になる。来年、三〇〇〇粒を苗にして植えると、坪三〇株植えにしたら一〇〇坪に植わる。内輪にみて反収九俵くらいとしても、一〇〇坪から最低二石三斗のモミ種がとれる。

さあ、二石三斗のモミを苗代にまく農家はそうざらにはないだろう。反二升としても一〇町以上、私のように反六合だと四〇町歩分である。一粒のモミを三年連続してはとてもつくれないのだ。イネはそれほど生産力の高い植物である。そして、三〇〇〇倍の収穫にもってゆくようなつくり方が、イネの本来の姿なのである。だから私はいつも、イネは疎植にして、一粒一粒のもてる力をフルに発揮させてこそ、多収穫の道だ、と力説しているのである。しかるに、今の機械密植のV字型イナ作法は、イネのもつ力を完全に封じこめている。イネは分けつしたくてしたくて仕方がない。なのに過密ぎゅうぎゅうづめにして、伸びのびと育てさせない。いわば、基本的人権、基本的イネ権のじゅうりんである。イネ個人の自由をまったく認めない憲法違反のイネづくりである。

モミ一粒は、基本的に、すこやかに自由に育つ権利を有するのだ。

これがイナ作の原点である。

2 お上（かみ）のV字型　私の痛快〝への字型〟

はじめチョロチョロ、中パッパ

前項の堆肥だけの自然イナ作は、初期が淋しく、中期に盛り上がり、後期にゆっくりと完熟する。ごはんの炊き方と同じである。「はじめチョロチョロ、中パッパ。赤子泣くともフタ取るな。ジュウジュウいうたら火を引いて、ゆっくり蒸らしてふっくらごはん」という調子でイネも育ってゆくのである。

反当四トンもの堆肥を入れてイナ作をするということは、現実にはむずかしい。畜産家が近くにあるか、畜産家自身でないとやれない。兼業農家が休日を利用して堆肥を積む、なんて時代でもないし、第一、堆肥の材料がない。反当四トンの完熟堆肥がないと、無化学肥料自然栽培は成り立たないだろう。イナわらなどの材料は反当たり四反分は必要である。そんなにわらを集めることもできない。

したがって、畜ふん堆肥が手にはいらない人は、化学肥料によって「への字」イナ作にもってゆく。これが手間をかけないイナ作技術の真骨頂である。

化学肥料による「への字型」の実践は、分けつ最盛期または分けつがほぼ終わるころに、**元肥のつもり**で表層に施肥することにつきる。だから、元肥は極端に減らすか、ゼロ出発とし、出穂四五

第３図　への字型とＶ字型のチッソ肥効のちがい

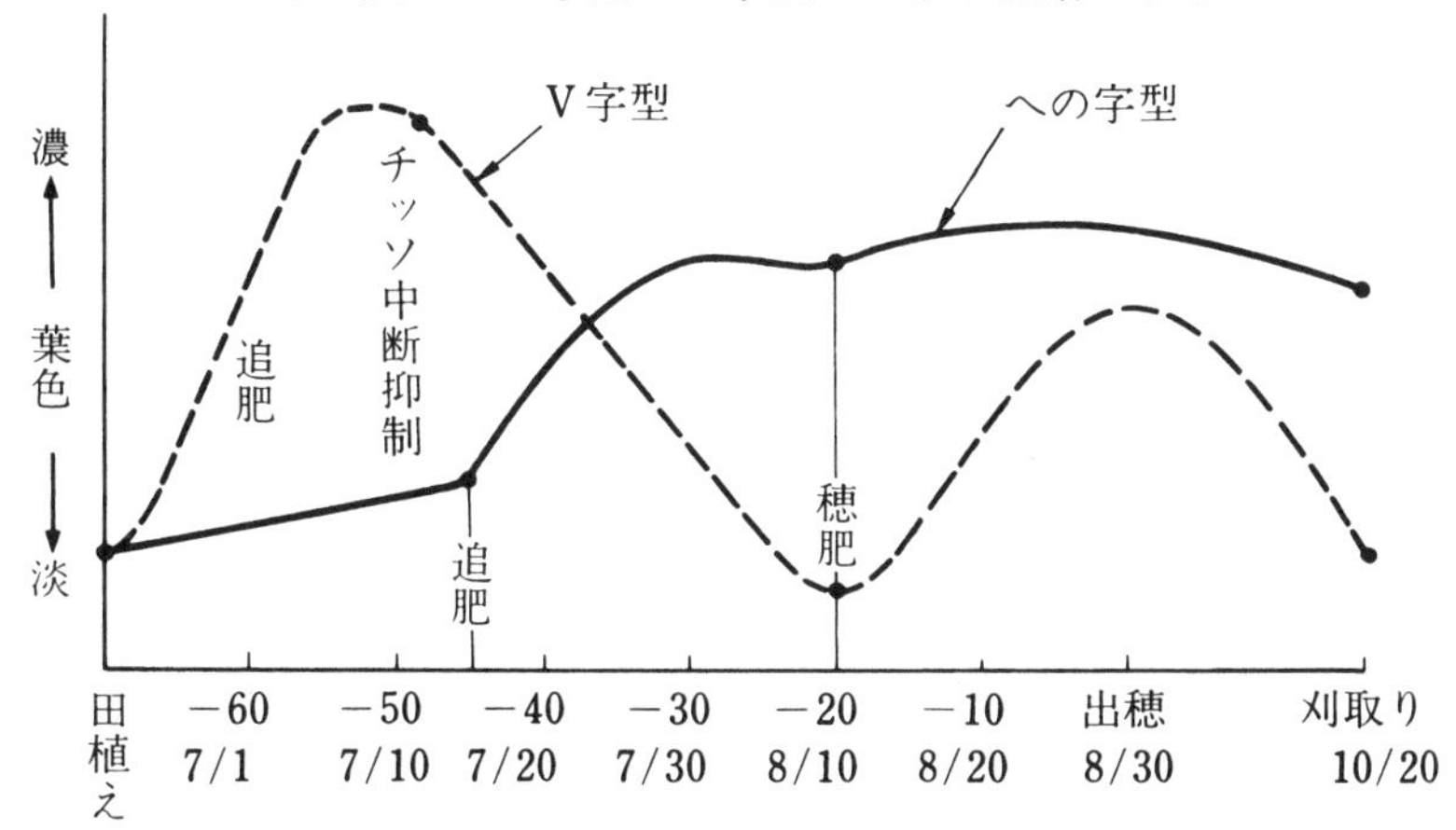

第４図　への字型とＶ字型の生育のちがい（密植坪70株の生長曲線）

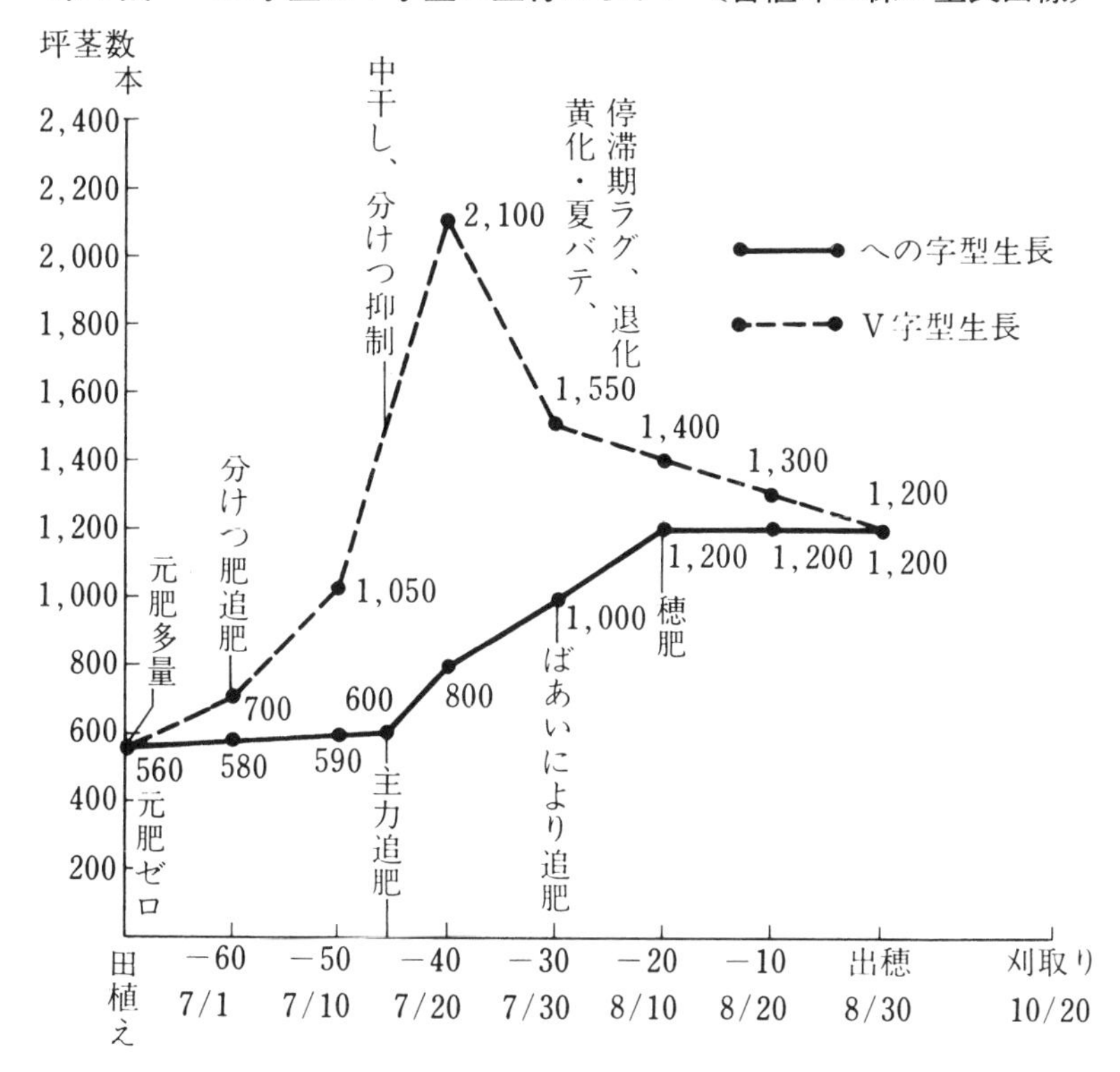

日前にはじめて元肥のつもりで施肥するのである（第3、4、5図）。

第5図　疎植の生長曲線（坪30株２本植え）

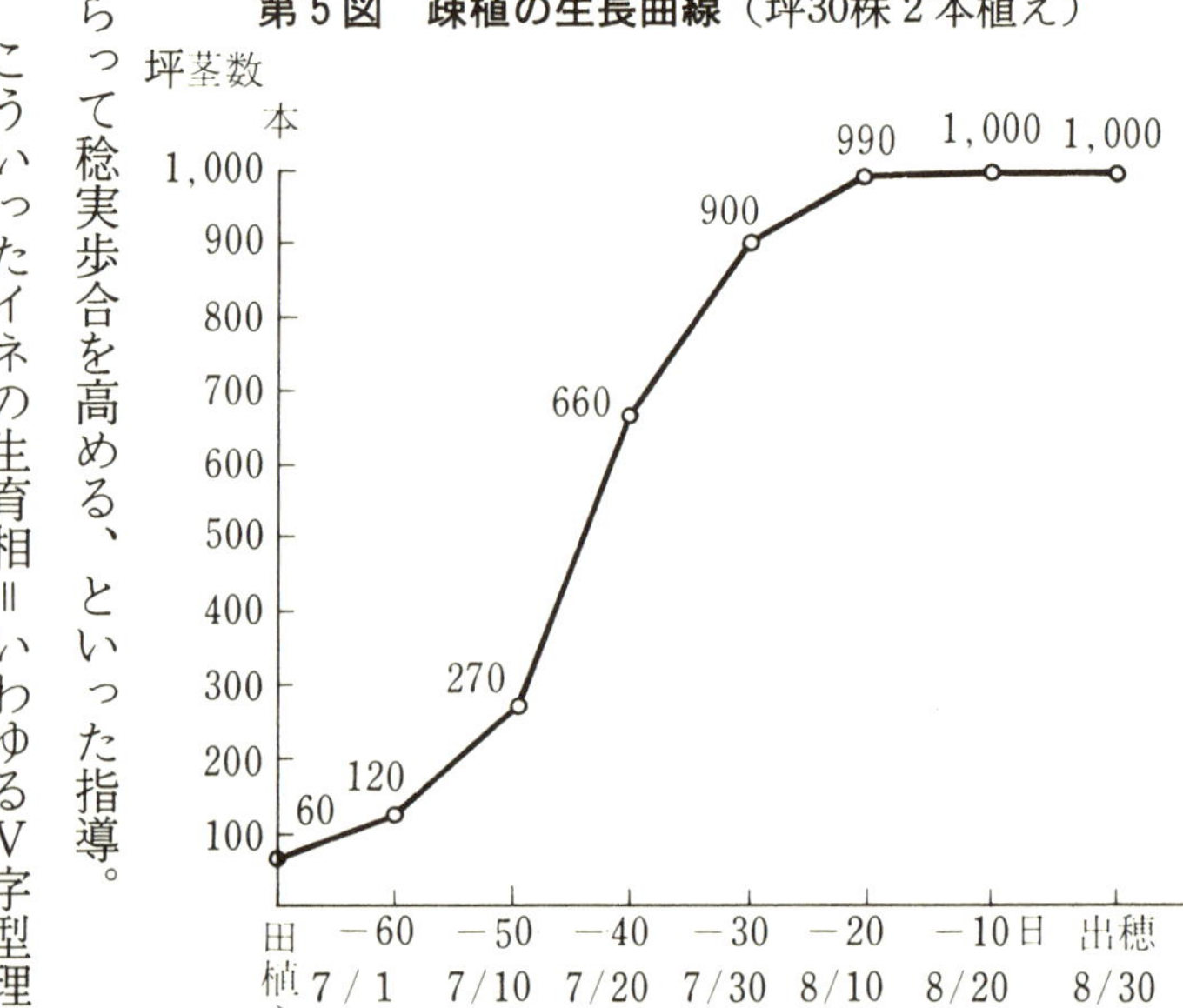

まちがいだらけのイナ作指導

農家の競争本能をくすぐる指導

初期に多肥（元肥チッソ六キロを施肥、または元肥四キロと活着後の分けつ肥二キロに分けて施肥）にして、できるだけ早く分けつ茎を確保、それも低位分けつを重視して、遅発分けつは無効化する、といった指導。さらに、出穂四〇日前には強力な中干しとチッソ中断によって生育を抑制、イネを充分に黄化させて穂肥をやれるイネに育て、短稈多穂をねらって稔実歩合を高める、といった指導。

こういったイネの生育相＝いわゆるV字型理論が現代のイナ作の指導の主流となっている。このような指導の徹底は、もう二〇年をすぎている。全国の農家は、この方法が正しい、と思い込まされている。

なぜ、このように初期にすごく栄えるイネが農家に受けるのか。それは競争本能が人間にはあるからである。隣より少しでもよくつくろうとする心理である。

戦前のわれわれの地方では、ダイズカスが主力のチッソ源であった。そして、ダイズカスを元肥に一本（三〇キロ）入れる人と三本（チッソ成分にして六・三キロ）入れる人とにタイプが分かれていた。そのうえとりつき肥といって、硫安一貫匁（チッソ〇・七キロ）は必ず使われていた。

三本入れる人はすごい草出来になる。一本の人は、チッソ成分が正味二・一キロだから、ゆっくりの生育になる。収量は、毎年、一本入れる人が二俵は増収していたと古老に聞かされた。

それがわかっていながら、多肥ぐせの人は一向に改めなかった。そのくせは一生直らなかった。

これが人間の競争本能であろう。他人より混雑した見栄えのする草イネをつくって、競争に勝った、と喜んでいる。

人間は脳があるから同じ失敗を二度とくり返さないはずなのに、死ぬまで青田ホメのくせが直らないのが不思議だ。一年に一回のイナ作だから、翌年には忘れるからか、何年に一回かは当たるからか、ワラの先には穂がつくと思うからか。

こうした競争心理を煽るのに好都合な指導がV字型イナ作なのである。青田をできるだけ景気よく分けつさせる指導は、人間本能にはうってつけなのである。それでマンマと乗せられた農家はこの方法が正しいと思いこむ。

農家も、肥料を入れすぎてイネを倒してはコメがとれないことは熟知しているから、倒さないイナ作＝中期に肥料を中断して、中干ししたりＭＣＰなどの抑制剤をまいたりして生育を抑える技術の指導＝これもあっさり受け入れられた。

そこに問題がある。

手植え時代ならV字型でもよかったが……

V字型理論を知らない人が、元肥多肥→中間追肥多肥→穂肥を入れられない、というイネをつくったら、必ず倒伏するかガサイネになる。

こんな人が中間追肥を辛抱して、中期にイネの葉色を淡くさせ、この中間追肥分の肥料を出穂二〇日前に施したとしたら、すごくいいイネになって増収する。

昔のように成苗の健苗を、坪四〇株ていどに疎植手植えしていた時代は、このやり方で難なく一〇俵の米を手中にした。

確かに、V字型理論は正しいのである。ただし、かぎりなく水平肥効に近いV字型ならば、である。少なくとも手植え疎植時代は絶対に増収した。私もV字型理論で安定一〇俵どりを果たした。

ところが今は、V字理論ではコメはとれないのだ。なぜか。

それは機械密植だからである。第一、苗がわるい。蚊の足のような苗を超密植するからである。そして、V字理論が曲解されて、極端なことをやるからである。

その例は、

①元肥の入れすぎと分けつ肥のやりすぎ

今の機械密植なら、はじめから坪五〇〇〜七〇〇本の苗が植わっている。イネ刈りのとき、最終的に坪一二〇〇〜一三〇〇本の穂が立っていれば、一〇俵どりに苦労がないのだから、一本の苗が二本にふえれば充分、ということに気づいていない。

元肥と分けつ肥（活着後すぐにやる肥）を合計したものが多すぎて、坪二〇〇〇〜三〇〇〇本にも茎数が立つから、初期茎数確保がゆきすぎているのだ。

②中期チッソ抑制がオーバーすぎる

本来の理論からする中期の分けつ抑制（チッソ中断）は、葉色が若竹色に淡く、葉鞘はまだ黒くて生気がみなぎっている状態にするのである。決して栄養失調で枯死寸前に黄化をすることをいっているのではない。

それなのに、チッソ中断といったら徹底的にチッソ飢餓状態にまで追い込み、中干しも根が枯れる寸前まで、葉が日中よれるまで強力な中干しをする。指導機関は「徹底的な中干し」と栽培ごよみに書く。これを読んだ農家は、いいかげんにやめておけばよいのに、中干し競争をする。「田んぼを焼く」といった表現までする。皮靴で田んぼを歩けるぐらいまで干す。「田のヒビ割れに大型マッチ箱がはいった」といって自慢する。

何事もオーバーすぎるのだ。これではイネもひん死の重傷を負って、生死の境をさまようのは当然である。このときの根は、あとで述べるが、二度生えかわる。

そして、坪三〇〇〇本近くにまでふえた分けつ茎は、そのすべてを養うことができず、犠牲者が出る。中途半端な茎は、達者な茎の足手まといになるからと、死んでゆく。沈没した潜水艦みたいなものである。乗組員が半分になれば、残り半分は倍生きのびられる。種族維持本能で、元気な茎だけでも生き長らえるために、年寄りの茎に死んでもらう。低位分けつ（早く分けつした茎）から順番に死んでゆく。

その結果として、第4図のように出穂時に穂数が半減するのである。「ワラの先には穂がつく」と思っている農家の方、ワラの先には穂がつくとはかぎらないのである。

③穂肥をやりすぎる

Ｖ字型イナ作は、中期に黄化させて、穂肥をどっさり打てるイネにする。このことは正しいが、やはり世間でやっていることはオーバーすぎるのだ。先にも書いたように、若竹色に淡くなったイネなら「ああ腹へったなあ、めし食いたいナ」という状態だから、適量の穂肥やっても健康であり、大きく増収に役立つ。

しかし死ぬ寸前まで何日も断食した人が、ソレッとばかり大めしを食ったらどうなるのか。断食までゆかなくても、腹を減らしすぎたらめしは食えんはずだ。

下葉が枯れてガサガサになったイネ、中期に徹底的にチッソ飢餓に陥れて断食させたイネに、タップリと水を与え多量の穂肥を何回もやって、果たして食い切れるのか。こんなイネにチッソを正味二キロぐらいやっても、ほんのり色が出るぐらいだ。まだ足らん！　と五日おきにつぎつぎやるハメになる。穂が出るころにはやっと色が黒々としても、穂はスッと止葉から抜け切れないで、芒の先端が引っかかっている。モミ枯れ細菌病とかいって騒がれている褐変モミがたくさん出る（穂肥の項でこれは詳述する）。

Ｖ字理論は正しいのだが、例として①から③まであげたように、いずれもそのやり方がオーバーなのだ。初期茎数確保といったらむやみに茎を立てすぎる。中期チッソ中断といったら死ぬ寸前まで中断する。穂肥をどっさりといったら病気が出るまで無茶に入れる。

これではV字理論をとなえた松島省三博士が気の毒である。V字理論がわるいのではなく、それを実践させる指導機関が「徹底的」という言葉を使うのがわるいのであり、これを実践する農家が、競争本能をムキ出しにしてエスカレートするのがわるいのである。

指導機関は一〇年遅れている

指導機関も最近、その非を認めてきた。指導する人そのものは、自分でイネを何十回もつくっていない。いわばズブの素人といってもよい。ポットで育てたり、一アール区画での試験をしたりでは、イネの本来の生理はわからぬ。普及員に至っては、自分でイネをつくったことのない人もたくさんいる。中には立派な人もおられるし、私もそうした普及所の人をたくさん知っている。しかし在職中は、官庁のメンツがあり、決して民間の多収技術をほめようとしない。退職してはじめて心の内を明かしてくれる。

「在職中はねェ、いくら民間人のいうことが真理であっても、それを官庁として容認していてはメンツがないのでねエ。退職したからいうけど、今の農業指導専門機関の知識は、民間の技術にくらべて一〇年遅れているヨ」

どこの普及所でも、どこの試験場でも、農水省専門部署でも、こういう本音は認めているのである。在職中にその本音を吐くと、その人はクビになる。「だれに月給をもらっているのか」の上司の一言で何もいえなくなる。月給とボーナス、そして肩書きがたいせつだから、定年まではウソばかり農家に教えねばしかたがないのである。

エスカレートした「まちがいだらけのV字型」に、指導機関はその非を認めてきた、と今書いた。その典型的なものが滋賀県のイナ作指導方針である。これは立派である。全国が少なくとも滋賀県方式を採用してもらいたい。

農文協刊の『イナ作の基本技術』（橋川潮博士著）に書かれている理論は、イナ作の真髄の理論である。私の「への字論」と合致する。

への字型　わかっていたが勇気がなかった

私は、昭和二十年代にこの理論をみつけた。だが、周囲の反撃にあって実行はできなかった。自分も自信のなさと、もし人の反対したことをやって失敗したら、という心配とで、実行に移す勇気がなかったのである。

昭和二十年代前半、硫安と過石が配給制度だったころのことである。

例の一つは——

硫安がなくてやむなく無肥料出発した。七月の末ごろ、五貫匁の硫安の配給をうけ、一度に一反の田にふってしまった。ちょうど出穂四五日前である。チッソ量にして三・七五キロ、硫安一袋弱である。これでイネ終生の肥料は終わり。結果は、遅くからかなり茎数がとれて、刈るときは生き葉四～

五枚、バリバリしてずっしりとした穂の感触は今でも忘れられない。

もう一つの例は――

元肥に硫安一袋をすき込んで田植えしたが、大干ばつで田植え後に水がはいらず、植えた苗は枯死同様になった。七月中旬にツユが戻って大雨がふり、水不足が解消して、七月下旬から八月にグングン生育、すごい遅づくりのイネになったが、これがまた生き葉四～五枚、バリバリしてズッシリ。

二つの例とも軽く一〇俵どり。わらの量は非常に少なく、わら長も短く、穂だけがムヤミに重い。モミの量も少なめだが、モミすりしていくらでもコメが出てくる、というやつだ。

「ハハン、これだナ」と気はついていた。しかし翌年、最初からこんな無茶なことはできない。昨年とれたのは偶然だろう、やはりはじめから息災（そくさい）に生育させてやろう、ということになる。無肥料出発で七月末にドカンと硫安一袋、なんて、考えただけでも恐ろしくなる。これでコメがとれた実績があってもだ。まして田植え後に水を入れないで、苗を枯死させるなんて、そんな冒険のできるわけもない。偶然は偶然ですませてしまってあたりまえだろう。

しかし結果的に、これが暖地イナ作の真理なんだ、と気づいても実行の勇気がないのだ。年一回のイナ作では失敗が許されないこともある。

この方式（偶然のへの字イナ作）を再びやろうと試みた年もあった。

固型肥料（硫安団子のようなタドン型肥料）の発売された年、無肥料出発して七月末に、四株の間に一個ずつ踏み込んでゆくイナ作をやろうとした。今の深層追肥イナ作に似ている。

買った肥料屋に、「七月末に踏み込む」といったら、目をむいてしかられた。

「バカ！　お前みたいな若ゾウに何でイネがわかるか。七月二十日を過ぎたらあとは無効分けつだゾ。七月末にタドンを踏みこんでコメのとれるワケがどこにある！　わるいことはいわんから七月初旬に入れとけ！」

結局、肥料屋（この地区でのいわば農業指導的立場の人）のこのケンマクには、抗し切れなかった。田植え後一〇日、七月八日ごろにタドンを踏みこんで回った。結果は、草出来ばかりで、チッソ過多でモンガレが出て普通作にとどまった。

私は切歯やく腕した。せっかく「への字」の真理をみつけたのに、肥料屋に強要されて、自分の意志を貫徹できなかった弱さと自信のなさ。

この経験と、これに似た先輩の話のかずかずが、私の今の「への字理論」の根拠となっているのである。

〝びわ湖汚染防止〟といった大義名分のある滋賀県では、多量元肥禁止のために「への字」イナ作を推奨できるが、ほかの府県ではやはり農家に受け入れられないのだろう。

もし全国的に、橋川博士の論と、私の「への字」理論とが採用されたら、とれすぎて日本にはコメが余ることとなる。今のように「まちがいだらけのV字型」が横行しているほうが、コメの需給のバランスがとれるのかもしれぬ。そして肥料の使用が減り、日本の肥料会社が苦境に立つかもしれない。

肥料をやらないのも技術の一つ

忍耐力こそ技術なり

イネも野菜も、およそ作物は肥料なしでは絶対に育たないもの——すべての農家はそう思いこんでいる。しかも、値段の高いものほどよく効く、と思いこんでいる。宝石や婦人服なら高いものほど高級品であり、クツや肌着は安ものはすぐに破れる。「やっぱり金はタダとらん」と感じさせるのはほんとうだ。

けれど肥料ばかりは耐久消費財でもなく、消耗品でもない。含有成分のパーセントだけで金の値打ちがあるのだ。どんな安い肥料でも、ほしいときにほしい量だけちょいとやれば、それでよいしろものだ。

さて、その肥料だが、いつどのくらい食わせるか、ということが今までの技術の中心であった。今まで、肥料をやれという指導があっても、肥料をやらない技術というのを唱えた指導者にお目にかかったことがない。

私はこの項で、「への字型」と「V字型」のイネの育ちに関して力説したが、私のいう「への字づくり」はすごい忍耐力がいる。何しろ初期に肥料を入れないことが技術なんだから、これを実行することの困難さは想像にかたくない。

最大の敵は家族にある

「無肥料出発にしろ」といったら、熱心な人は「そんなこといわずに何か入れさせてくれ」とまで頼みにくる。

「そんなに何か入れんと田植えできないんなら、過石を一袋入れときなさい」

心ある人はこれで納得する。やはり農家は田植え前には何でもいいから化学肥料らしい袋をあけて、握りこぶしをふり回さないと気がすまぬ、といったのが心情である。

田植えがすんで半月もたつと、無チッソの田は目立って色が淡い。ここが辛抱のしどころなのだ。隣の田は青々、うちの田は淡色。そこで家族内でケンカがはじまる。おやじがやればよめはんが、よめはんがやればおやじが、息子がやれば両親が、迫害を加える。

「いいかげんにせんかい。今年はコメとらん気か！」

息子が会社へ行っている間におやじがこっそり硫安をふっている。おやじの熱心な家は息子が夜陰に乗じて、おやじが寝静まったころに硫安をふりにゆく。

まあ、これほど草イネの淋しいことは百姓にとって最大の苦痛らしい。淋しい草イネにしておくことの最大の敵は家族にある。

「への字型」にもってゆくために、元肥的追肥は出穂四五日前までどうあっても待たなければいけな

いのだ。それまで肥料を入れないことが、最大の技術といえよう。四五日前からは、今度は肥料を入れる技術となる。

牛ふん・鶏ふん多投田には、イネの生育期間中、肥料を入れないことが、技術の中心柱となるのだ。

追肥はなぜ四五日前まで待つか

「追肥は出穂四五日前まで待つ」、これはへの字型イナ作の中心柱であるから何度も書く。

初期茎数確保型（元肥重点型）のつくり方なら、決して出穂四五日前に追肥してはならない。これをやると、分けつが飽和状態だから横に拡がる余地がないので上空に伸びる。すなわち下位節間の伸長＝倒伏しかない。

出穂四五日前になっても、なお分けつ予定茎数の半分しかとれていない、しかも色は若竹色で目立って淡い。こんなイネにかぎり、本格的分けつ肥を四五日前にやるのである。

出穂四五日前にチッソ成分で二〜三キロを入れても、淡いイネはびくともしない。太く充実した茎から、同じ太さの分けつが出るから、分けつ茎自体太い。太い茎からは太い穂が出る。

イネの分けつというものは、低位分けつ（一号から三号分けつぐらいまで）は苗自体が細い。細いものから分かれた茎はやはり細い。細い分けつ茎が充実しないうちに、また分けつする（第6図）。そして疎植一本植え以外は、早く分けつした兄貴分の茎から順番に死んでゆく運命にある。二一ページに書いた第4図の密植のばあいの生長曲線、V字型生長をみていただくと、出穂四〇日前に一坪当たり二一〇〇本に達したはずの茎が、出穂時には半分の一二〇〇本に減っている。この消えてなくなる分けつ茎は、ほとんど最初に分けつした茎なのだ。

遅くから分けつした茎が生き残ることを知らねばならない。

だから、元肥をやらないで淡いイネにしておくと、二、三、四、五号分けつは出にくい。また、出たとしても、生育が非常にゆっくりだから、充実するいとまが充分にある。そして、充実した太い茎になってから（出穂四五日前に達したころ）、本格的に太い分けつにさせる。そのため、四五日前まで待つ、というわけである。肥効も穂肥までもってくれる。つなぎ肥不要となるからである。

それにしても出穂四五日前追肥がタブーと思っている指導者があまりにも多すぎる。

私のコシヒカリ普通栽培を紹介しよう（第7図）。播種五月二十五日、田植え六月三十日（三五日

第６図　どちらがコメのとれるイネか

注．左：疎植イネ。直立した太い分けつ15本，右：密植イネ。細い分けつ40本

のポット苗）。それで出穂は八月二十五日。

田植えしてから出穂まで五五日しかない。活着して新芽のふき出すのは田植え後一〇日。すなわち出穂四五日前である。分けつは一本も出ていない。だから、四五日前に当たる七月十日（田植え後一〇日）に、二キロのチッソ、硫安現物一〇キロをやる。実に四五日前にドンとチッソをやるのですぞ。まだ足らん。さらに一〇日後の出穂三五日前に、もう一度、正味二キロのチッソをふるのだ。こうすれば穂肥はいらぬ。

このつくり方を指導に当たる諸先生方、何と解釈するか。今後、二度と「出穂四〇日前ごろのチッソ追肥は厳禁」といわないでほしい。

いいかえれば、出穂四〇日前とか、四五日前の追肥というのは、そのときのイネの状態を見てやるものであって、何が何でも四〇日前や四五日前の追肥がいけない、というわけではない。

「出穂四〇日前四五日前の追肥がいけない」といいたいのであれば、「元肥重点の超過密イネにかぎり」と注釈をつけてもらいたい。

第7図　への字型コシヒカリ　田植え後1カ月（出穂25日前）の姿

注．6月30日田植え，坪当たり35株

元肥朝めし、追肥昼めし、穂肥は夕めし

もっとわかりやすく「への字論」を説明すると、人間の食事と施肥はまったく同じなのである。

元肥は朝めし、出穂四五日前の追肥が昼めし、穂肥は夕めしなのである。

今のV字型指導では、朝から酒を食らってベロベロになり、活着後一〇日にまた食事（一〇時ごろの昼食）をする。食いたくないのに早昼を食うから、胃痛がおこる（イモチ、モンガレ）。ほんとの昼めしは抜くから、三時か四時ごろに空腹になって夕めしまで待てない。すなわち、つなぎ肥を食うか早めの穂肥となる。その早めの夕めしが、出穂二五日前に当たる。ドカンと食うから止葉肥になってしまって、巨大な止葉になって天井を張ってしまう。肝心の夕めしは満腹で食えない。すると夜中にまた腹が減る。すなわち秋落ちである。

人間も、きちんと食事時間に、腹八分目に食うと、胃はわるくならない（無農薬でゆける）。食事も楽しい（イネの肥料食いがよい）。

イネも、朝食（元肥）はごく軽く。超密植のイネならば、一本一本の働きがわるいから朝めし抜きでよい。そして、昼食（四五日前）にはタップリと食う。昼をタップリ食っておけば、夕食時間（穂肥）までオヤツなしでも充分に腹はもつ。夕食がこれまたうまい。そして夜中になっても空腹にならない（秋落ちしない）。

これが「への字型イナ作」なのである。

淡化と黄化は大ちがい

話は戻るが、「イネの黄化」という言葉をまちがえないでほしい。黄化と淡化は大ちがいなのである。

イネが、チッソ切れのために色がさめてくることを、ふつう「イネが赤くなった」という。ただし、その赤くなり方が問題である。

イネの生理からいうと、葉色が竹ヤブの色のように、またはあぜ草の若草色のように美しい薄緑になることを、黄化（ほんとうは淡化）というのである。それ以上黄色くなるのは、栄養失調のための衰弱である。衰弱は絶対にいけない。人間でいえば病気である。栄養不足のアフリカ飢餓難民と下葉の枯れはじめた赤いイネとは同じである。

とくに肥食いの日本晴、アキツホ、中生新千本、コガネマサリのようなタイプのイネは、栽培期間中に一度でも衰弱した状態になると、体力の回復に非常に手間どるために、ダメージをうける。下葉が枯れるまで黄化させないうちに追肥がほしい。そこが地力である。地力があったり、元肥に若干の鶏ふんなどがはいったりしていれば、たとえ無肥料出発でもとことんまで黄化しない。「イネは地力」といわれるのはこんなところに理由がある。

イネは生育中期に、必ず黄化（淡化）する時期がある。堆肥だけの自然イナ作では、出穂三〇日前から二五日前にかけて、イネが本能的に自分の体内の栄養を自分自身で調節して、葉色を淡くしようとする。この時期には、葉色はやや淡化しなければならないからだ。それまで大柄に育ったイネが、三〇日前（穂首分化期）にまっ黒になって最高の肥効を示すと、えい花と上位葉が異状に大きく分化して、穂と上位葉が大きくなりすぎ、姿が乱れて稔実歩合を悪化させるからである。

この時期、出穂三〇〜二五日前は、気づかないていどに葉先だけが淡く色落ちするのがよいのであって、決して下葉が枯れるほどの、栄養失調的な黄化をさせてはいけない。ここのところが非常にたいせつで、この点、V字型の理論そのものは正しい。

何度もいうように、V字理論の中期黄化をはきちがえないようにしたい。中期黄化ではなく、中期にやや淡化（よく見なければわからないていどの淡化）でなければならない。

出穂四五日前に元肥的追肥をやる「への字型」は、このように三〇日前には、ほんの少し淡化するのである。地力がなくて相当に淡化したり、または黄化に近くなったら、出穂三〇日前に二回目の追肥をやらねばならぬ。

滋賀県の橋川博士は、出穂三〇日前の追肥を強調しておられる。

密植によって、出穂四五日前にほぼ茎数のとれているイネは、四五日前の追肥を三〇日前まで待って、穂首分化期に若干のチッソを効かせて大きな穂をつくらねばならない。これは当然である。

もし硫安一袋しかなかったら

橋川博士の強調されるように、もし、肥料が配給制度にでもなって、一反に一袋の硫安しか入れられないとしたら、三〇日前がよい、との提案は非常に興味がある。私ならこうおすすめしたい。なぜならば、出穂三〇日前のチッソ四キロは、止葉が巨大化してしゃ光するからである。

①今までどおりのか弱い稚苗の密植であったら＝元肥ゼロ・追肥ゼロ・出穂四〇日前一〇キロ・出穂二〇日前一〇キロ

②ガッチリ健苗、一株二〜三本植え・坪六〇株密植だったら＝元肥ゼロ・追肥ゼロ・出穂四五日一〇キロ・出穂二〇日前一〇キロ

③一株二〜三本植え・尺角以上の疎植だったら＝元肥一〇キロ・出穂三〇日前一〇キロ

硫安が配給制度にならなくったって、肥料があり余る今日のイナ作においても、このようなつくり方をすれば、必ず今よりも増収することはまちがいない。こんな肥料の入れ方はそれこそ惰農の極致である。いや、むしろ、こんなやり方が芸術的イネつくりかもしれない。チッソ成分たったの四キロで、肥料代わずか反当七五〇円、無農薬で九俵以上のコメがとれるにちがいない。——そんなバカな——と思われる人、いちどやってみてほしい。

これが「への字型」生育の理論である。

軽いV字型のへの字型イナ作

五月の連休に田植えする地帯では、出穂四五日前に本格的追肥をやると、チッソ肥効のピークがツユの長雨とぶつかる。これではイモチの不安もあるし、長雨でチッソの消化がわるくなる。

こんな地帯では、ツユ入りごろからチッソ肥効がやや切れてくるように、元肥的追肥の時期を早めなければならない。

その方法は、五月上旬無チッソで田植え、田植え後二〇〜三〇日に当たる五月末か六月始めごろにドンと元肥的追肥（成分でチッソ二キロ）をやることである。

これで充分への字型になる。そしてツユ期には葉色はやや淡化して、ツユ明けと同時に穂肥が打てる。

この方法は、への字型とV字型のいいところをとり入れる折衷案、ということになる。

ヤマセ地帯でも同様、ヤマセの吹く七月上中旬、やや葉色を淡化させたい。ツユとヤマセ、この時期に葉色を少し落とすために、元肥的本格追肥の時期を早めることが肝心。四五日前にとらわれることはない。何としても無チッソで出発して、二〇〜三〇日間は追肥をしない——これがへの字型の極意である。

痛快イネつくり実際編

―痛快、痛恨、ここで差がつく

1 痛快、痛恨、植込本数で決まる

疎植にするか、密植にするか。どちらがコメを多収するか。どちらがコストが安いか。

また、疎植もどのていどがよいか。密植もどれぐらいにするか。これは、その土地の田の条件、肥料の量、地力、田植え時期、品種によって差がある。疎植も密植も一長一短がある。

この項では、いろいろな田の条件や肥料に応じて解明したい。一口にいって、イナ作をするばあい、一粒一粒の基本的イネ権を尊重して、一粒のもつ力をフルに発揮させるよう、できるだけ疎植の方向に向かってほしい。自然に近いイネの育ち――「への字型」の痛快なイネをつくるには、疎植しかないのである。

私のいう疎植とは、尺角以上、すなわち坪三六株より少ないことを意味するが、基本的には株内疎植がたいせつということである（第8図）。

疎植がよい田、密植がよい田

〈坪三六株以内の疎植にしなければいけない田〉

①畜ふん、鶏ふんを多く入れた田

②田植時期の早い田（田植えから出穂までの日数が七五日をこえる地帯）
③田の耕土が二〇センチ以上ある深耕田
④粘土質で秋落ちしない田
⑤肥料を多く入れねば気のすまない人の田

第8図　疎植1本植えのイネ

注．コガネマサリ，反収720kg

⑥イネの草出来が、他人より威勢がよくないと気のすまない人の田
⑦晩生品種、つまり田植えから出穂まで七五日以上かかる品種をつくる人の田
⑧倒れやすい品種、もち、コシヒカリ、ササニシキ、農林二二号などをつくる人の田
⑨条件がよく無肥料でも初期生育のすごくいい田
⑩数年減反休耕している田
⑪野菜跡の田
⑫かんがい水が富栄養化している田。生活・家庭排水の流れこむ田
⑬苗質の非常によいばあい

など、ほかにもあるだろうが、とにかく草イネがよくできすぎる田は、すべて思いきった疎植にしなければならない。

また、密植にしないと減収する田もある。それはつぎのとおりだが、それ以外はすべて疎植が勝つのである。

〈坪六〇株ぐらい、四～五本植えの密植にしなければならない田〉

①山間地で日照時間が短く、ちょっと肥料を入れればすぐにイモチの出る田
②化学肥料をいっさい使わない無肥料主義者の田
③無農薬を貫きたい人の田
④用水不足で水利の非常にわるい田
⑤極端な浅水田で朝夕に水を入れないといけない田
⑥管理のまったくできない粗放栽培の人の田
⑦田植時期が出穂まで六〇日未満になる遅植え地帯の田
⑧タバコ跡のように七月中・下旬に田植えする人の田
⑨六月以降の乾田直まき田、または湛水土中直まき田
⑩苗づくりに失敗して極端に苗質のわるい人の田
⑪極早生品種を作付けする人の田

⑫低温時の早期栽培で、出穂まで六〇日未満の品種をつくるばあい
⑬アケノホシのような、分けつが少なくて多肥では稔実障害の出やすい品種をつくるばあい

さあ、こうしてみると、自分の田はいったいどうなんだろう、と迷ってしまう。「うちの田は有機物を入れないし、水もちもわるい。土地もやせている。秋にはゴマハガレも出るし、いくら穂肥を入れても秋まさりには育たない」

こんな人は、よほどでないかぎり迷わず疎植の方向に向かっていただきたい。坪二五株なんて疎植はムリだが、坪四〇株ぐらいにはうすくする。

それは、やせた田はたくさんの家族（茎数）を養う甲斐性がないからで、稼ぎのわるい亭主がたくさんの家族をかかえるのと同じ。地力がなくて水もちのわるい、ドガイショのない田にたくさん植えこんで、家族みんなを息災に育てられるはずがないからだ。肥えた田はむろん疎植に、やせた田は家族を少なくするためにこれも疎に。するとどっちにせよ疎植にしろ、ということになる。

イネ権尊重、一株植込みを減らす

〝自分の条件に合わせたイナ作〟の項で後述するが、疎植にしても密植にしても、とにかく一株の植込本数は、決して五本以上にしてはならない。これは絶対に守るようにする。苗がよければ一〜二本がよい（第9図）。苗質がわるければ三〜四本ぐらいにする。

第９図　１株１本植え出穂45日前の姿

注．品種：コシヒカリ，５月24日尺２寸植え

五本以上も植えると、株内競合（ケンカ）がおこる。兄弟ゲンカである。人間でも二人の兄弟は必ず仲がよい。五人以上の兄弟は、みんな仲よくやっている例はきわめて少ない。人間のように脳が発達して理性に満ちた動物でも、多い兄弟は仲よくやれない。植物は脳がないし考える力がない。本能のままである。

株内競合は、田植えしたその日から、根のケンカとしてはじまっている。そして、肥料と空間の奪い合いである。お互い同士が少しでも日光を独占しようと葉を伸ばし、上空にせり上がろうとする。こうなるとこんどは隣の株と根がからみはじめ、隣の株とのケンカがはじまる。モミ一粒一粒の基本的イネ権は無視され、強いやつだけが生き残る。分けつ茎も、親茎も、一株の中心部に閉じこめられたものは犠牲になる。

モミ一粒が三〇本に分けつする疎植も、三本にしか分けつしない密植も、とにかく植えた一本一本の苗は、分けつがたとえ三本でも五本でもいいから、満足に全部が穂を出し、そしてすべてが稔るようにしたい。少しでもよい苗を、少しでも少なく、二本植えになるだけそろうように植えることが第一歩である。

二本植えがいちばんよい。機械の精度上、とても二本にそろえるなんてできないが、夫婦同伴、二本が理想である。しっかりした苗（手植え用畑苗の成苗）なら一本植えがよいこともあるが、一本だともしウイルスにやられたときの減収がありうるので、とにかく二本と強調したい。坪二五株でも坪六〇株でも、である。一株に二本しか植えなくても、ピンと立ってゴミに押し倒されないようないい苗にすべきである。

こうして一株二本平均に良苗を植付けできれば、坪当たり四〇株だろうと坪当たり六〇株の密植だろうと、実質的にはモミ一粒は独立した生活ができるので疎植に近い。

いいかえれば、坪何株植えるか、ということより、一株何本植えにするか、ということのほうが大事なのである。一株二本にそろえることができれば、基本的イネ権は尊重され、一粒のムダもなく育ち、児童憲章に保証された「児童はすこやかに育つ権利」が保証され、憲法違反とはならないのである。

疎植と密植のよい点、わるい点

疎植にするか、密植にするか、一言でいうならば、「肥料を入れたければ疎植にしろ。密植にしたければ肥料を入れるな」ということになる。ただし、疎植も密植も、一株植込本数は少ないことが条件である。

第１表　疎植のよい点わるい点

	疎植 ←→ 密植					
植付株数(坪)	25株	35株	45株	55株	65株	75株
肥沃田・多肥	適 ←→ 不適					
耐倒伏性 耐イモチ・モンガレ 耐秋ウンカ	強 ←→ 弱					
やせ地・少肥 水不足 日照不足 山間冷水 遅植え	不適 ←→ 適					
耐ウイルス性	弱 ←→ 強					

疎植はいいにきまっている。だが、密植にもいい点がある。その長所と短所を簡単に表にしてみた（第1表）。

疎植のいいところは、

①いくらでも肥料を入れられる。

②育ちが強剛で病気が出ない。

③無効分けつがないので、遅く出た分けつも一本残らず穂が出る。

④坪当たりモミ数の確保が容易で多収する。

⑤増収に最も手近で、育苗箱数が少なく手間がかからない。

疎植の欠点は、

①田植えが遅れたり、条件のわるい田は茎数確保がむずかしい。

②隣の密植田にくらべて茎数不足が気になり、分けつをとろうとする心の焦りが多肥を呼び、イネを

つくりすぎる。

③他人より早植えすると、ヒメトビウンカによるシマハガレ病にやられやすい。

④シマハガレ防除薬剤が多くなる。

密植にもよい点がある。

①茎数をとろうと思わなくてよいから、肥料をうんと節減できるし、気持ちに焦りがない。

②不良環境の田でも茎数がとりやすい。

③シマハガレウイルス病の心配が少ない。

④無農薬を貫くことができる。

密植の欠点は、右以外はすべて欠点である。

②地力はなくてもよい、あればなおよい＊

つくり方がわるいのに土のせいにするな

日本の土は死んでいるとか、水田は老巧化しているとか騒がれている。地力をつけるためと称して、土壌改良材を投入したり、堆肥を施用したり、指導機関は土づくりのPRに懸命であるが、果たして日本の水田は死んでいるのだろうか。

土は有機物に富んで肥沃なものがよいことは明らかであるが、一部の熱心な農家を除いて、本来の土づくり（有機物の施用）をやっている農家はまれである。イネのわらも、ムギわらも焼却して、化学肥料だけで長年つくっている農家が多い。

しかし、それでも水田はその機能、生産力はほとんど落ちない。もし、このごろ土がおかしくなってコメがとれない、という人があれば、それは土のせいではなく、つくり方と台風のせいである。

いいかえれば、水田には本来、地力はいらない。水を入れるかぎり、地力は永遠に維持できる、というのが正しい。八俵や九俵のコメをとるのなら、地力なんてなくてもよい。化学肥料だけでよい。こんな状態で、大昔から二〇〇〇年もの間、毎年わらを取りあげても日本の水田は維持されてきた。戦後も四〇年経過した。化学肥料ばかりに頼っても、水田の地力が落ちないことは証明されている。

特別に地力のない、ごくふつうの水田で、もしコメがとれなくなったら、それはつくり方である。土に甲斐性がないのにムヤミに密植したり、初期に過繁茂させるような多肥栽培とするから、終わりまでイネを養いきれないだけである。

地力相応、すなわち亭主の稼ぎ相応の家族と生活状態、これさえバランスがとれていれば、多収穫はできなくとも安定した平均的な収量はあるものだ。

イネには地力はいらぬ。ムギをつくるときは、逆に地力が必要である。

それは、イネはかんがい水によって無限に養分が補給されるからである。水中に生えたラン藻などは、マメの根粒菌のように空気中のチッソを固定する働きがあるし、土中の嫌気性バクテリアも土中の有機物（前作の株や根）を分解しつくすことがなく、安定的に養分供給するからである。

いっぽう、ムギは地力の収奪が大きく、天然供給養分も少なく、乾土効果で地力有機の分解ばかりになる。この意味で、イネは地力不用、ムギは地力がたいせつ、ということになるのである。

しかし、イナ作でも、地力があれば非常に栽培が楽であり、多収穫をねらうことができる。地力のある水田は、化学肥料をほんの補助的にやればすむ。肥切れ症状が見えても、完全な肥切れとはならない。淡い葉色のままでも、イネはスクスクと育つ。地力がない田に化学肥料を投入しただけでは、多収穫は達成できない。

まとめれば、イネに地力はなくてもよいが、あればなおよい、ということになる。一部の篤農家には、イネに地力は邪魔だ、とさえ極論する人がいる。これは暴論であり、大まちがい。地力なしで多収穫するには、神がかり的な技術を要するからだ。「地力に優る技術なし」といわれるように、地力があれば技術はいらなくなる。地力のない人は知力がいる。

わらによるガス害は気にしなくてよい

昔は、イネのわらは用途が多かった。畳やムシロの材料、牛馬の飼料などにたいせつで、イナわらの田への還元は非常に少なかった。

今はコンバインで細断して、ほとんど還元している。全量イナわら還元しても、チッソが抜けるからイネの生育はほとんど変わりない。むしろ寒冷地では、ガスがわいて害があるなどと焼く地帯さえある。もったいないことだ。田へ入れる有機物の唯一の材料がイナわらなのに。

イナわらの還元は、量にしてわずか反五〇〇〜六〇〇キロていどだが、これはケイサンとカリの重要な補給源であり、微量要素と腐植のたいせつな補給源でもある。ガス害は「水管理」の項で詳述するが、イネという植物は、元来ガスに堪える本能をもっているから、イナわらを還元することによるガス害は考えに入れなくてよいものだ。

イナわら還元したところと持ち出した田とでは、初期の草出来に差はなくとも、中期から後半にかけて必ず差がついてくるものだ。

ムギわらの地力増強力

暖地の二毛作地帯では、裏作ムギのわらを全量還元したい（第10図）。ムギの地力の収奪は、想像以上にはげしい。裏作にコムギなどをつくると、その跡のイネはかいもく育ちがわるい。いくら化学肥料をやってもスンナリと出てこない。チッソ・リンサン・カリの三要素以外の養分もとられているからである。

ムギわらの地力増強の力は、イナわら以上に大きい。ムギわらを多量にすきこむと、当初、草イネはチッソ飢餓で育ちにくいが、暖地では八月にはいってから目に見えて効いてくる。刈取りのときには、収量の差がはっきりする。ムギわらをすき込むことにより、初期生育を抑制し、秋まさりに育つのである。

ムギわらの炭素率は相当高い。炭素率を三〇対一に調節するためのチッソ分、すなわち田の土中でムギわらを腐らせるのにとりこまれるチッソは、試算上だいたいつぎのような目安である

第10図　ムギわらの還元

第11図　ムギわらを腐らせるのに必要なチッソの量（正味kg）

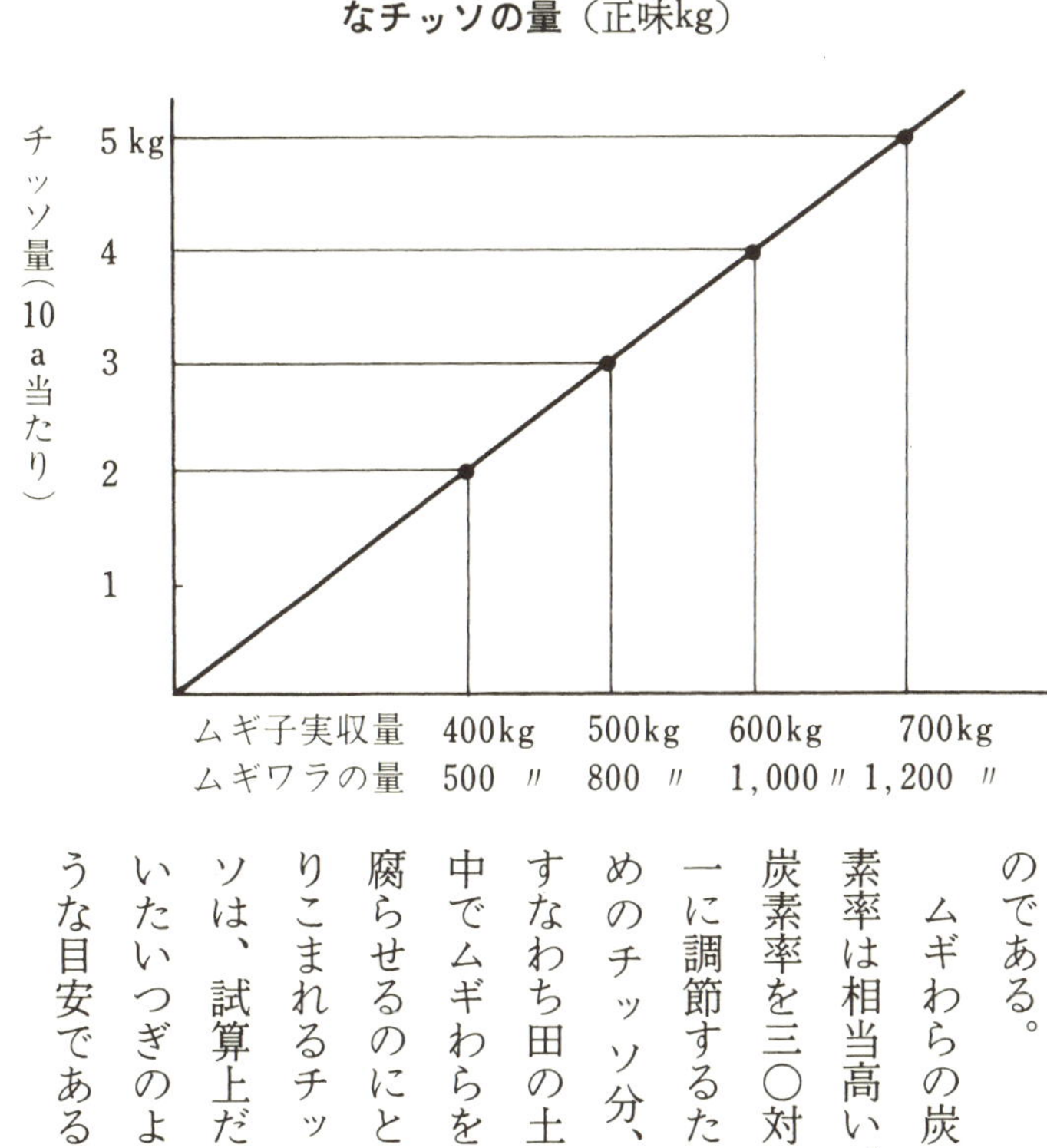

（第11図）。

この図からわかるとおり、コムギを反当六〇〇キロ収穫すると、還元わらは一トン弱あり、これにとり込まれるチッソは正味四キロである。尿素でいえば、現物七〜八キロをムギわらとともにすき込んでおけば、草イネのでき方はほぼ無肥料出発と同じ、といえる。

地力をつけるためにムギをつくり、ムギわらの量を多くするためにムギの多収に挑むのである。ムギに与えた硫安が、ムギわらという有機物に化けるのである。栽培による地力の増進である。

モミガラ、これぞほんとの土改材

モミガラは腐りにくい。田んぼに入れると害になる、といって今まではかえりみられなかった。ライスセンターでは、大量のモミガラをもて余し、暗きょ排水の資材か、製鉄所の保温材として利用されるのが精一杯。一般農家では、焼いてクン炭として利用するのはまだよいほうだ。しかし、実はこのモミガラ、地上最高の土壌改良資材なのである。ライスセンターの近くの農家は、どんどんもらってきて田んぼに入れるべきである。

春先までに黒くなっている

私は、昭和四十八年からいままで、近所の請負い耕作農家からモミガラを貰い、一反に二町歩分ぐらい、毎年田んぼに入れてきた。モミすり作業がすむたびに、トレーラーからまいてゆく、というより田んぼにあけてゆくのである。むろん、あとでまんべんなく散らしてゆく作業をしなければならないが、二町歩分も入れると、イナ株も切りわらも見えなくなる。厚さは一〇センチ以上になる。

そのあと秋耕するが、土半分、モミガラ半分。五月までに三回ほど耕起すると、チッソ分をやらなくてもモミガラはもう黒くなっている。田植えのころには、モミガラは入れたのか入れなかったのか、わからなくなっている。何もチッソ源（石灰窒素など）入れなくても、腐ったような色になっている。

イネにはほとんど障害は出ない。代かきのときも浮いてこないし、苗を押し倒すこともない。ただし、代かきのときにはロータリーは低回転で、ヒタヒタの浅水で作業をしないとだめ。どんなによく腐熟した有機物でも、深水でロータリーを高回転させると水に浮くから、トラクターの使い方次第である。ガスも目立つほどわいてこない。

暖地では、このように多量のモミガラを田に入れても何の障害もないが、冬に積雪のある地域では、あまりの多量では問題があるかもしれないので、いちど思いきって試されるとよい。

堆肥は理想だが手間がたいへん

学者にいわせると、モミガラは炭素率が高いから、絶対に田んぼに生で入れてはいけない、という。必ず堆肥にまぜて堆積発酵させよ、という。しかし、あのバラバラのモミガラを推肥にまぜるときの始末のわるいこと。フォークでは洩れてしまうし、スコップでは量が乗らぬ。モミガラばかりの堆肥ならまだ扱いやすいが、こんなじゃまくさいことはできっこない。「生のままでドサッとほうりこんどくにかぎる」といったら、誰でも実行できるだろう。

肥料土壌学の博士と私は、数年前討論した。

「モミガラは、絶対に生で田んぼに入れないでください」と博士がやった。

「そんなことない。私は一反に二町歩分、毎年、秋に生でほうりこんでいる。それでコメ、毎年一〇俵以上とれてるヨ。やりもしないで理屈ばかりコネるナ」と私はやり返した。

「そんなに入れて、ガス出ませんか。イネが育たんでしょう」

「だから、自分でやってみたらどうですか。背広着てないで、田んぼにはいってイネつくってみな」

「……」

「試験管と実際の田んぼはちがいますゾ」

「……。よほどあなたの田んぼが肥えてるんでしょう」

苦しい答弁は気の毒であった。年じゅう背広を着ている先生たちには、生のモミガラが有益なのか有害なのか、わかるはずがないのだ。

ゴマハガレはピタリと出なくなる

モミガラの効用は、何といってもゴマハガレが一回でピタリと出なくなることだ。

ゴマハガレに効く成分があるのかないのかはわからん。とにかくゴマハガレ激発地は、毎年きまって出る。そして出る場所もきまっている。自分の家でできたモミがらは、そんな場所に重点的にまいておく。翌年、とにかくゴマが出ないから不思議だ。一反に一町分も二町分も入れられないから、ゴマの出る田へ自家モミガラを全量入れればよいのだ。

一反に五反分ぐらいの量だったら、積雪寒地でもどうってことはないだろう。

チッソ飢餓があればもうけもの

モミガラは、確かに炭素率が高くて腐りにくい。暗きょ排水の資材に使うぐらいだから、土中に埋めこむと何年も原型を保つ。

原型を保つ、ということと、肥料成分が効く、ということとは、別ものである。暗きょ排水の跡は、イネが盛り上がってできる。肥料成分として効いているのである。

田にモミガラを多量にすき込むと、イネの生育前半にはチッソ飢餓になる。もし、イネの生育前半に淡い葉色になったとしたら、これは喜ぶべき現象だ。というのは、ムギわらのすき込み同様、モミガラのチッソ収奪によって、初期生育を抑えてくれるからだ。炭素率の高い粗大有機物は、腐るときに土中のチッソをとり込む。腐らせるバクテリアがエサにチッソを食うからだ。

元肥を入れていても、イネがいつまでも淡い葉色で、いつまで待っても肥料が効いてこない、としたら、これはコメがとれる。

いつまでもイネが出てこないから、ゴウを煮やして肥料をぶちまけるようにして入れる。それがちょうど出穂四五日前か四〇日前ごろになるからだ。田植え後一カ月は淡い葉色で分けつは少ない→

追肥をする→七月終わりごろからイネはぐんぐん出てくる→秋まさりに育つ。理想的な「への字型」に育ち、遅づくりのイネになってコメがとれるのである。

肥料の入れ方の技術に苦心するよりも、多量のモミガラを入れさえすれば、自動的にイネの生育をへの字型に調整してくれるのだ。チッソ飢餓がおこって、ガスがわいて、ケガの功名ともいうべきコメの多収。こんなことはしょっちゅうある。

モミガラの成分はイナわら並み

さきほど私は、一反に二町歩分モミガラを入れていた、といった。重量にしてみると、一反分のモミガラは、わずか一〇〇キロか一五〇キロである。二町分でも二トンか三トンまでの量である。まして五反分を一反に入れたって、わずか五〇〇キロか七〇〇キロといった少量である。こんな少しの量、炭素率もチッソ飢餓も、問題にすること自体がおかしい。だから、心配しないでドンドン入れろ、と私はいうのである。

モミガラの成分は、チッソ〇・五パーセント、リンサン〇・二パーセント、カリ〇・五パーセントである。イネのわらと同じである。そしてガラス質である水溶性ケイサンをわらよりも多量に含む。ケイカルを入れなくてもイネは固く育つ。ケイカルに含まれるケイサンよりも、モミガラに含まれるケイサンのほうがイネのためには自然だろう。

ゴマハガレの出ない原因は

ゴマハガレの出る原因は、一度肥えたイネがやせるからである。一度ふくらましたフウセンは、空気を抜いても元どおりにはならない。シワだらけになる。いちど肥満体になったイネは、やせるとゴマが出る。ゴマハガレ病のことを「ヤセイモチ」というぐらいだから。

はじめっからやせていたイネには、ゴマは絶対に出ないのだ。細胞がち密だからだ。モミガラを大量に入れると、チッソ飢餓がおこり、はじめっからイネが肥満体にならない。だから、ゴマが出ないのかもしれない。または、含有ケイサン分がイネに即、効くケイサンだから、イネが固く育ちゴマが出ないのか、どちらかであろう。あるいは両方かもしれない。

腐植長もち、保肥力抜群

イナわらもモミガラも、肥料成分は同じである。なのにモミガラは、腐るのに日数がかかるといわれる。私の感じでは、わらもモミガラも同じと思っている。冬に入れて翌年の春には、黒くなっているのだから。

火をつけて燃やしてみれば、エネルギーの量がわかる。木質は長く燃える。乾し草は、パッと燃えてすぐ消える。長く燃えるものほど、腐植としての力量が高い。有機物として腐りにくいものほど、腐れば寿命が長いのである。

モミガラは固いから、腐植の寿命は長い。腐植は有機物が腐ったカスである。これが、肥料をつかまえる力、保肥力となって数年間働く。タダで手にはいる腐植資材、それも地上最高の土壌改良資材といえる。

畑に生のまま入れても同じことがいえる。肥えすぎた畑では、チッソをとりこんで肥えすぎをやわらげてくれる。腐りにくいから急激な腐熟がなく、ガス害もない。通気もよくなる。水分の保持にも役立つ。腐植となって保肥力が高まり、肥料が流亡しなくなる。

こんなのをほんとうの土壌改良材というのである。

病気にかかったモミガラでもよい

イモチやモミガレ病にかかったイネのモミガラは、翌年の感染源にならないか、という心配はまったくいらない。

イネの病気の胞子は、どうせ水に浮いて流れ回っている。空気中をとび回っている。自分の田に入れるモミガラに菌の胞子がついていたとて、そんな心配をしていたら百姓はできない。

イネの病気というものは、菌があるから出るというものではない。病菌にやられやすい、発病しやすい弱い体質になっているからである。病気のモトは、日本の水田全部に浮いている。いわば日本の水田のイネは、全員保菌者である。抵抗力の弱った、チッソ過多の軟弱イネだけが発病するだけである。

きゅう肥は生でもよい、腐熟させればなおよい

きゅう肥は、モミガラ以上に手に入れやすい腐植の材料である。畜産家は、どんどん自分の田に入れればよい（第12図）。近くに畜産家のある地域では、イナわらと交換してどんどん入れるがよい。きゅう肥は、反当五トンも八トンも入れられるから、二～三年ですごく土地が肥える。腐植の量もすごい。モミガラやムギわらとは比較にならぬ量だからだ。

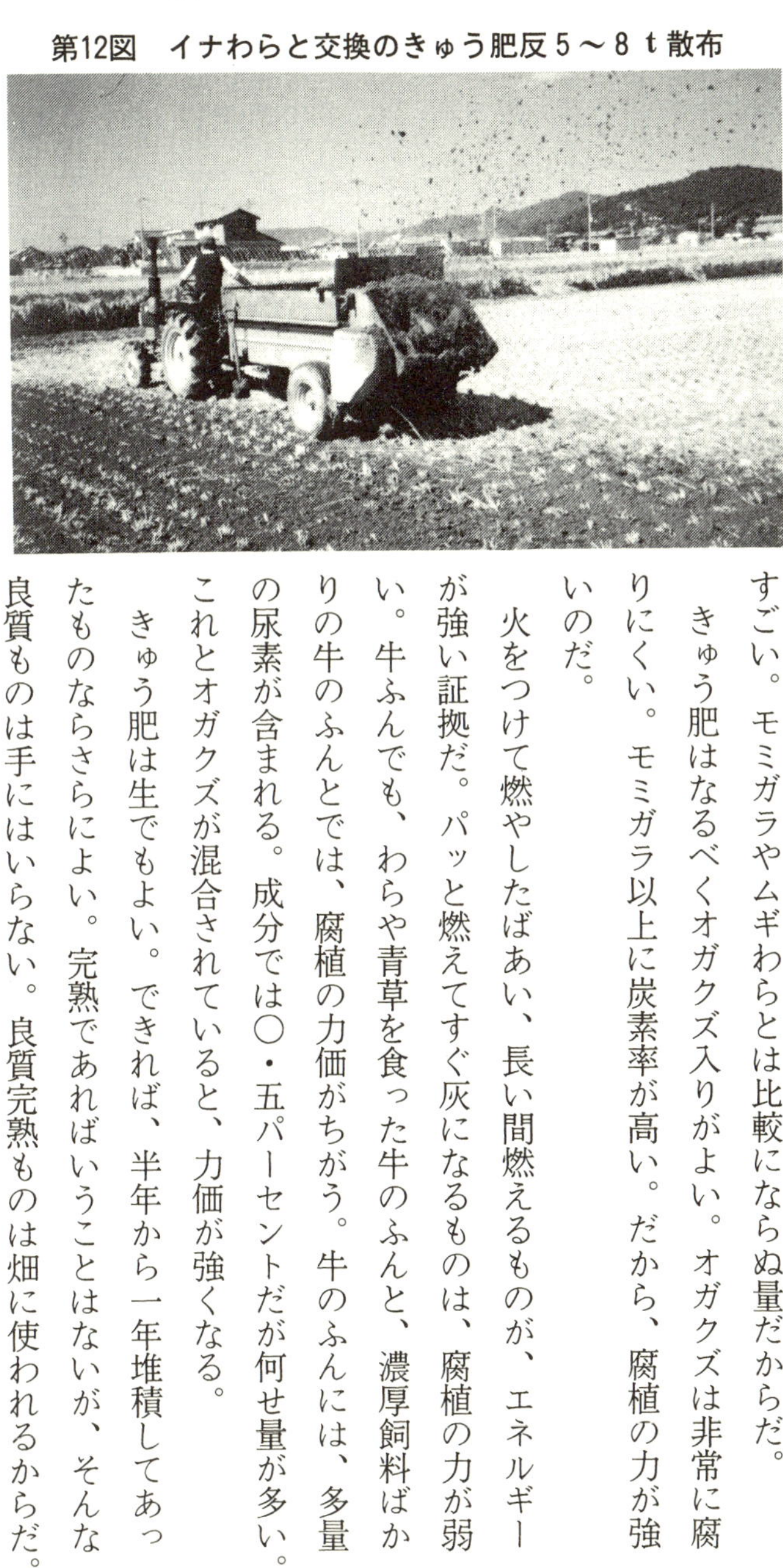
第12図　イナわらと交換のきゅう肥反５～８ｔ散布

きゅう肥はなるべくオガクズ入りがよい。オガクズは非常に腐りにくい。モミガラ以上に炭素率が高い。だから、腐植の力が強いのだ。

火をつけて燃やしたばあい、長い間燃えるものが、エネルギーが強い証拠だ。パッと燃えてすぐ灰になるものは、腐植の力が弱い。牛ふんでも、わらや青草を食った牛のふんと、濃厚飼料ばかりの牛のふんとでは、腐植の力価がちがう。牛のふんには、多量の尿素が含まれる。成分では〇・五パーセントだが何せ量が多い。これとオガクズが混合されていると、力価が強くなる。

きゅう肥は生でもよい。できれば、半年から一年堆積してあったものならさらによい。完熟であればいうことはないが、そんなに良質ものは手にはいらない。良質完熟ものは畑に使われるからだ。

水田用には、冬に入れてもよいし、田植え直前に五〜八トン入れても大丈夫だ。直前なら、疎植栽培と無化学肥料栽培にかぎるけど（自分の条件に合わせたイナ作の項で後述する）。私は反当四〇トン入れたこともあるがビクともしないで多収した。

鶏ふんは、生のドロドロのものでも、春に入れるのなら、反当四トンぐらいどうってことはない。これも、疎植ならば、だ。ふつうは、乾燥鶏ふんなら一〇〇〜五〇〇キロ入れて大丈夫だ。田植え直前に五〇〇キロ入れてもすばらしいイネができる。それなりのつくり方がある（後述）。

鶏ふんはふつうトン単位では入れない。一〇〇キロ単位である。このばあい、腐植の量はあまり期待できない。トリのふんは肥料成分が濃い。粗飼料を食っていないからだ。土壌改良に大きな期待はもてぬ。あくまでも肥料として考えることである。鶏ふんを年に二〇〇キロや三〇〇キロ入れたとて、土地が肥えるってことはそんなに期待できない。入れないよりましだが、鶏ふんの効用は、ビタミンのほか、アミノ酸、核酸などを含む食べもののように、化学肥料にない有機態チッソと、ビタミンの類があることである。肥料成分としてはあらゆる要素があり、完全無欠である。

イネやムギは、わら全量を還元してもなお、子実を収奪する。子実の中身はデンプンとタンパク質。デンプンは太陽と水と空気でできたものであり、地力からの収奪ではない。だが、ヌカ層はビタミン、タンパク質のほか、あらゆる成分を含有している。いわばヌカ層は、完全な地力からの収奪である。このヌカ層の還元のために、ヌカを食った動物のふんの還元が必要となるのである。とくにビタミン類の補給としてである。

多量の有機物を入れることのできない農家、イナわらだけの還元にとどまる農家は、地力の永久保持のためには、鶏ふんを毎年一〇〇〜二〇〇キロ入れてみたい。ビタミン剤ていどの効き目を期待するだけでもよい。人間にビタミンが必要なのと同じ、植物にもビタミンは不可欠である。

たとえば、コメを反当一〇俵とったとする。このときのヌカは五〇キロはある。このコメヌカ五〇キロ分は還元したい。コメヌカ五〇キロを購入すると一八〇〇円ぐらいする。これでは高くつくので鶏ふんを一〇〇〜二〇〇キロ補給せよ、といいたいのである。牛ふんを入れれば、相当多量のヌカがはいることになるから、ことさら鶏ふんを入れる必要はない。

鶏ふんの肥料成分は、乾燥物でチッソ三パーセント、リンサン五パーセント、カリ二パーセントぐらい。生の鶏ふんは、チッソ一・六パーセント、リンサン一・五パーセント、カリ〇・九パーセントぐらいで、乾燥するほうが肥料成分がます。これも食ったエサによってリンサン分は異なる。魚粉をたくさん食ったニワトリの鶏ふんは、リンサンがとびきり多い。エサによって成分は大きく異なる。

鶏ふん中に含まれるリンサンは、ヌカのリンサン分と同じく、フィチンという有機態リンサンで、鉄やアルミナの金属と結合しにくいので、肥効は高く長くつづく。

それなのに、鶏ふんを多くやったイネは、茎が硬くならないばかりか、まったくといってよいほどリンサンの肥効が認められない。リンサンは、木を硬くするとか、稔実を高めるとか、根張りをよくするとかの効能書きは、全部ウソということなる。事実、イネはぶっ倒れて悲惨な姿になる。これは、リンサン成分は必要以上にやっても作物は吸わないからムダになるためであり、チッソが効きすぎれば、ほかの要素が山のようにあっても役に立たないためである。「チッソがすべてを支配する」というのが本筋であり、チッソがすぎればほかの要素は効かなくなる、ということでもある。

土改材は害はあって益なし

調和のとれた土づくり、ということで、含鉄資材の投入がすすめられるが、イネにとって鉄分とは何なのか。鉱滓に含まれるチタン、亜鉛、カドミウム、クロームなどの重金属の蓄積をどう考えるのか。

イネのわらからは、鉄分はほとんど検出されないという。なのになぜ鉄分を田に入れなければならないのか。

土中には、もともと相当量の鉄分が含まれている。鉄分は重いから、長年の耕うんによってだんだん下に下がり、作土と耕盤の境目に蓄積される。したがって、作土は鉄不足になる、という論拠である。

イネは鉄分は吸わない。鉄分がイネの根を保護して根腐れから守る、というだけの働きである。それなら、何年に一回か深耕してやれば、底にある鉄は上にあがるではないか。

また、作土中にほんとうに鉄分が必要ならば、トラクターや耕うん機のツメのちびる分だけの鉄分補給で充分ではないか。鉄は微量要素である。微量要素というものは微量でいいのである。多量にあっては害になる。トラクターのツメのちびしろだけで充分という根拠はここにある。

含鉄資材の転炉滓とか電炉滓とかいう土壌改良材なるもの、これが摩訶不思議である。成分表には鉄分三五パーセントと書いてある。三五パーセトも含むのなら、もう一度、焼いて鉄分をとり出せばよいのに。鉄鉱石と変わらないではないか、と単純に考える。

〝土づくりにケイカル〟。これまた、だましものの最右翼だ。道路に敷いたり、埋立てに使ったりしていた鉱滓を、田んぼに入れて肥料だなどと百姓をだましている。やってもやってもまったく効果がないから、だましものといっているのである。

③ 気をもまずによい苗をつくる法

不良苗でも増収できる、なぜ？

苗半作、苗七分作といわれながら、ほんとうによい苗をつくる人は少ない。暖地では、七俵や八俵のコメをとるのなら、苗質がわるくてもほとんど影響がないことも事実だ。たまたま天候に恵まれ、わるい苗を密植し、一株に一〇本も植え込んでいても、たまたま肥料がよい時期に効いてくれれば、一〇俵どりすることもある。

つまり、苗づくりに失敗してスタートに意欲をなくしたが、これがかえって幸いし、偶然「への字型」の育ちになって、思いがけない増収をすることがある、というわけである。

たとえば、元肥を指導どおりに多量に施し、グニャグニャの細いヒョロ苗を植えたとする。当然、活着は鈍く、田植え後二〇日ぐらいでようやく取りついた(活着した)という感じのイネが、出穂四五日前ごろから元肥を吸いはじめ、グングン分けつして勢いを出す。出穂三〇日前、八月にはいってからようやく人並みの、見られるようなイネになる。そして、出穂期には思いがけない秋まさりに育ち、下葉も枯れず、登熟のよい痛快なイネに仕上がる。

こんなことは暖地にはありがちで、一度この味をしめると、「苗質なんてどうでもよい。あとの肥料次第だ」という考え方になってしまう。しかし、への字型に育って増収したのは、苗がわるくて初期生育が劣りすぎ、偶然、遅づくりの理想イネになっただけであり、一〇俵とったからといって大きな顔をする資格はない。それにしてもこんなことがあるのは、への字型に育つイネの生理が、暖地に適合していることの証拠である。

だからといって、軟弱で蚊の足のような苗を、ムリに毎年育てるのは、根本的な誤りである。こんなわるい苗で多収できるのは、一〇年に一度あるかないかの天候に恵まれた偶然であるからだ。

第2表　苗質と乾物重

（昭和58年6月 計測,横田久和氏）

	播種	育苗日数	葉齢	草丈	乾物重
手植え用畑苗（分けつなし）	5月12日	41日	5.5葉	25cm	136.2mg
みのる ポット苗	5月15日	38	5.0	23	115.1
箱 40gまき	5月13日	40	5.0	18	77.6
箱 みのる80gまき 短ざく型	5月18日	35	4.0	15	56.6
箱 200gまき	6月3日	20	2.5	15	25.0

注．手植え用畑苗は，施肥量によって大きなバラツキがあり，私の計測したものは坪2合まきで，210mg（三本分けつ）に達している。

よい苗が生かされていない

昭和五十八年度に、私の友人が計測（農業改良普及所立会）した苗質による乾物重のちがいを第2表に示した。

この表のように、手植え用畑苗とポット苗の乾物重が非常に大きい。大きな太い苗である。二〇〇グラムまきの細苗にくらべ、五倍の力量がある。この乾物重の差は、そのまま活着力、その後の吸肥力、分けつ力にあらわれてくる。よい苗とは太くて短く、乾かして重い苗のことである。

育苗の段階でこれだけの大差をつけると、あとの生育にはさらにすごい差が出る。太苗は、エネルギーが強いのである。細苗は太苗に絶対に追いつけない。

したがって、よい苗を植えるときは、本田の肥料（元肥）は控えめにするか、またはうんと疎植にすべきである。エネルギーの強い大きな苗を、多肥で密植すると、生育しすぎて初期から過繁茂となり、かえって失敗する。

苗半作とは、よい苗をつくって疎植にし、肥料を控えめにすると、非常に楽なイナ作ができることをいうのである。気をつかわずに、イネがひとりでに育ってくれる。これがよい苗である。

手植え用畑苗のつくり方

手植え疎植用の苗は、田植えの早い地帯なら機械用苗箱で育苗してもよいが、箱で育てた苗は大地とは隔離されているので苗質は弱い。見かけはかなり健苗に見えても、第2表（六九ページ参照）のように乾物重は劣る。それでも疎植にすれば、それなりの値打ちは出てくるが、せっかく手で植えようというのなら、やはり地球にじかに育った苗でなくては、豪快に育てることができない。

とくに田植えから出穂までの日数が七五日未満のばあいは、箱苗での手植えは興味半減だ。

そこで、畑で苗を育てる方法を考えてみよう。手順と注意事項は、つぎのとおりである。

用地は砂質、水利のあること

田の一隅を苗代用地にしてもよい。しかし、できるだけ苗代専用の用地に仕立てること。冬の間に表土を五センチほど取り除き、海の細かい砂を購入して、砂半分、土半分の軽い土質にしておく。砂を客土すると苗取りが非常に楽だ。

砂はなるべく粒子の細かいものを入れる。砂の量は、二トンダンプ一台分で、一・五立方メートル、一〇坪に入れると五センチの客砂になる。一〇センチに耕起すれば、砂半分、土半分になる。

苗取りのときと、育苗中に乾きすぎたときに水を入れる必要があるので、水利のある場所にするべきだ。これが理想である。そんな適当な場所がないときは、畑の一隅を苗代にするのもやむをえない。

苗代面積

溝を含めて反当たり五坪の広さがいる。まき面は反当四坪あればよい。一坪に二合まきするから、床面の正味面積が反当四坪なら、反当八合のモミダネをまくことになる。ウネ幅は、床面正味一～一・二メートル、溝の幅が三〇センチ、覆土することにより溝ができる。そのために三〇センチあけておく（第13～15図）。

肥料のすき込み

海の砂を入れても塩分の害は心配いらぬ。冬に入れとけば、春の雨で流亡するし、少々の塩分は苗の生育上プラスになる。

土改材は不用。pHは酸性のほうがよいので、石灰などの中和資材は不可。堆肥はできれば入れたい。砂を入れると、保肥力がガタンと落ちるので、冬の間になるべく肥料分の少ない堆肥をすき込んでおく。多量に入れたい。なければ入れなくてもよい。鶏ふん、牛ふんはダメ。

苗床をつくる直前、タネまきのなるべく直前に肥料をすき込む。その量は——

第13図　畑苗の播種床

注．2.4m×12m＝27m²（８坪強)。ここに1.6kgのモミをまく（坪２合）

第14図　タネまき後ダイズ用のふるいで覆土

第15図　覆土後ローラーでしっかり体重をかけて鎮圧

硫安＝平方メートル当たり一五グラム（一アール当たり一・五キロ）
過石＝硫安と同量
塩加＝平方メートル当たり五グラム（一アール〇・五キロ）

普通の畑で前作が野菜ならば、過石だけ入れ、塩加と硫安は絶対に入れないこと。

とにかく畑苗代用の元肥は、前作なしのやせ地でも、反当たりチッソ成分三キロにとどめることである。決していいかげんな量をふってはならない。すき込む元肥は、化成肥料を使ってもかまわない。このばあい、含んでいるチッソのパーセント（割合）を確かめる。

たとえば、チッソ一五パーセントの化成なら、一反分の苗代（溝とも五坪）に三・二キロ入れればよい。硫安なら、一反分の苗代に二四〇グラム（ふつうのごはん茶わんに軽く一ぱいの量）である。私は一反分の苗代に、硫安を茶わん一ぱい、と決めている。五坪の苗代にたったこれだけ？　と思うかもしれないが、これで適量なのである。狭い面積に肥料を入れるときは、感じで入れるとどうしても入れすぎる。必ずキッチンスケールではかるようにしたい。肥料はムラなくまく。溝になる部分にもまいて、深さ一〇センチ以内に全層すき込みする。

タネの用意

なるべく前年に、手刈りした手ごきのタネを用意したい。コンバインで叩かれたタネは、発芽率が劣るので、苗不足になるし、苗質がそろわない。

尺二寸角なら二本植えとしても反当五合、尺角なら反当六合あれば充分だから、一反分としてイネの束が一把か二把あればよい。

浸種二昼夜、消毒液漬け一昼夜、陰干しして、乾いた時点でタネまきをする。寒地からとり寄せたタネや遠隔地のタネは、消毒液を濃いめにして充分に消毒しないと、シンガレセンチュウやバカ苗病が出るから、いいかげんな消毒をしないこと。

タネまきの時期

田植えの日から逆算して四五日前。五月下旬に田植えの地域では、五〇〜五五日を要する。六月中旬の田植え地域では、五月五日ごろにまく。私は六月二〇日以降の田植えだから、五月一五日にまくことにしている。気温の低い時期の育苗では、葉一枚出るのに一〇日ぐらいかかるので、五〇日かかってやっと五葉苗になる。

大苗か小苗か

苗の葉齢（苗の大きさ）はどれくらいがよいか。いろいろやってみると、大きな苗と小さな苗とではかなり本田での生育がちがう。

大きな苗（六〜七葉になり三本分けつ苗）を植えると、本田での分けつは太くて豪快に育ち、有効分けつの切り上がりが早い（第16図）。穂ぞろいがよく、穂はでっかい。しかし、メイチュウやヒメトビウンカのシマハガレにやられやすい。また、手植えするときに苗の手さばきがわるく、ちょっと植えにくい。

小さな苗（五葉、小さな分けつ芽が出はじめるころ）は、手植え作業がやりやすい。苗の手ばなれがよく、作業は快適である。本田での育ちは大きな苗より劣り、それほど豪快感はないが、ヒメトビウイルスに対して被害が軽くなり、メイチュウ害も少ない。私は、五～五・五葉のやや小さい分けつ寸前の苗が好きである。

苗の分けつの発生は、苗床の肥料成分による。チッソが効いていると、五葉苗では完全に三本分けつしているが、チッソを抑えぎみの黄色い苗は、分けつは全然出ない。私は、苗ではなるべく分けつさせたくない。ヒメトビウイルスにやられるからである。

第16図　手植え用の苗

注．左：３本分けつ苗，右：無分けつ苗

ケラ防止に薬剤をまく

モミダネには、バイジット粉剤をまぶしておく。またタネまき後は、ダイアジノンなどの土壌害虫剤をまいておく。こうしないと田んぼのアゼぎわではケラにタネを食われてしまう。

育苗中の管理（除草、追肥、防除）

よほど乾燥しないかぎり、苗代には水は入れないこと。タネまき後に充分に鎮圧しておけば、水分は下から上がってくる。苗代に水を入れると苗が徒長するし、肥料が流亡する。

田植え前に苗の寸法があまりに短ければ、一日堪水するとすぐ三センチぐらい伸びる。

除草は、苗が五センチぐらいに伸びたころ、雑草が生えそろって

第17図　畑苗代のウンカ防除にカンレイシャ囲い

から、スタム乳剤（DCPA）の一〇〇倍液をジョロでさっとかける。ケラ防止のダイアジノンなどの殺虫剤の影響で、薬害が少し出るが、ウンカの薬との近接散布（一週間）がなければ大丈夫。箱苗は近接散布の害がひどく、全面枯死がありうるが、地球苗なら薬害は軽い。

けれども、スタム乳剤を散布するばあいは、ウンカなどの殺虫粉剤・液剤と散布間隔を一週間はあけねばならない。これは重要な点である。

育苗中の防除の目標は、何といってもヒメトビウンカである。カンレイシャトンネルはウンカを防ぐが、しゃ光するので、苗がひ弱くなる。しかし、トンネルをしないと、いくら薬をかけてもウンカはいっぱい飛び回る。防除に徹するか、カンレイシャで囲むか（第17図）、どちらがよいか。その年の日照量によるが、トンネルのほうが仕事上は無難だ。

苗の生長ペースが急で伸びすぎるときは、苗ふみをする。ムギふみの要領で三日おきに三回ぐらいふんづける。ローラーをころがしてもよい（第18図）。足でふんで回ってもよい。こうするとズングリ苗になる。ただし、田植え一〇日前にはふまないこと。腰折れ苗になるからだ。

露払いもよい。午前六時ごろに、竹で朝露を払って回ったり、ヒモを引っぱって露払いをしたりする。三日もつづけるとチッソが切れてくる。

第18図　徒長防止。ローラーで苗ふみ３回

追肥をどうするか

苗の色が淡くなり、下葉が枯れるぐらいになると、追肥がしたくなる。元肥に先ほど述べた量がはいっていれば、水を入れるだけで追肥と同じ効果があるが、雨の多い年は肥料が流亡するので追肥が必要だ。

その量は、つぎの量をガッチリ守っていただきたい。決して入れすぎないように。

一平方メートル当たり硫安一〇グラムである。一反分の苗代が正味四坪（溝を含まない）だとすると、これは一三・二平方メートルだから、一三二グラムの硫安を追肥することになる。この硫安を二〇〇倍液にしてジョロでかん注する。二〇〇倍液とは、一〇〇グラムを二〇リットルに

することである。

逆に苗の色が濃く、苗ふみしても、露払いしても色がさめないときは、田植え一〇日前ごろに粉状の過石をまく。雨前がよいが、水にとかしてまいてもよい。量は、苗代一反分（四坪）で二〇〇グラム（片手に二にぎり）。これで色はさめてくる。

育苗管理は細かいことをいえばきりがないが、ほとんどは捨てづくりでゆける。あまり気にしなくてよい。先ほどの元肥量であれば、田植え前にはきっとよい苗になっている。ヒメトビウンカがついても少しぐらいならばほうっておいてもよい。気にすればきりがないし、精神的にも疲れる。

機械用箱苗での注意点

機械用稚苗については、細かい技術についての記述はさける。ポット苗以外は、私の経験がないからでもある。

ただ、一箱一〇〇グラム以下のうすまきで健苗を育てる、これだけは強調したい。そして、段積み保温ではなく、平置き育苗にして最初から天然の気温で育てることである。

うすまきにすると、育苗日数が三五日ぐらいかかる。うすまきで育苗日数が不足すると、根がらみがわるくなる。

みのるポット育苗

ポット育苗（第19図）は、メーカーの技術指導どおりやればいいとも簡単ではある。しかしそれでも失敗するばあいは、苗床への密着不良、水不足、除草不足、追肥量の不適などが原因である。

ポット苗の土は田んぼの土である。無肥料である。これに春先の採取のときに、硫安を混入したい。

第19図　みのるポット育苗

1穴2粒・1箱25gまきのポット苗

植付け直前の40日苗

ポット一箱当たり硫安二グラムがいちばんよい。量の加減がむずかしいので表現しにくいが、ごくわずかのチッソなら箱土にほしい。

それは、タネモミに含まれる母乳が苗の生長するための栄養であるが、芽生えた苗は、それだけでなく、発根によって土中のアンモニアも同時に吸うからである。母乳だけでも充分育つというのは理屈だが、土中にわずかのアンモニアがあることによって、苗の根元は必ず太くなる。イネの苗はすべてそうだ。

苗床の元肥は、手植え畑苗で書いたように、苗代用地に一平方メートル当たり一五グラムの硫安をすき込む。追肥の量は、一箱当たり硫安二グラムである。箱が一〇〇枚なら、二〇〇グラムの硫安を二〇〇倍液にする。ジョロでこれを全部かけてしまえばよい。ばあいによって追肥は二回必要である。葉色をよく見て、若草色に仕上げることがたいせつだ（第19図）。

田んぼの土を使うので、ポット育苗には、スタム乳剤一〇〇倍液のかん注は絶対に欠かせない。このばあい苗が五センチに育ち、雑草が生えそろってから、箱の上にも溝にも全面にスタムをまく。ウンカの薬の散布とは、一〇日はあけること。箱苗は地球苗よりも薬害には敏感である。

育苗日数は、ポット苗で四〇〜三五日にする。私は四〇日を標準にしている。このころの苗は五葉苗になっているが、葉色がいつも淡いので苗での分けつは一本も出ない。

うすまき用播種ロールを使うので、一穴に平均二粒まくことになる。むろん一粒と三粒がまじる。一粒穴は苗が太く、三粒穴はやや細い。しかし田植え後の生育は、どの株もはかったようによくそろう。これがポット苗の特長である。

苗箱の下に敷くカンレイシャは化学繊維製でなければならない。木綿は溶けてなくなる。そして、新品はつごうがわるい。ノリがきいて箱の底の密着がわるいからだ。そこで、一年トンネルで使った古いものを敷くようにしたい。

4 補植のいらない田植え術

田植えの時期は早すぎる　出穂七五日前の田植えが理想

機械植えになってから、田植時期が早まりすぎている。五月初旬にゴールデンウィークがあるのもいけない。裏作のない地域では、この大型連休が田植え連休となる。会社勤めの兼業農家向けに、この連休が設けられたのだろうか。この連休のあるおかげで、日本のコメは減収している。

水利の関係で、田植えは村ぐるみの行事でもある。自分一人が勝手にできるものでもないから、致し方のないことだが、田植えから出穂までの日数をちょっと考えてみよう。

日本晴を五月五日に田植えすると、出穂は八月十五日。出穂まで実に一〇二日もある。コシヒカリなら七月末出穂としても、八七日もある。密植→初期過繁茂→中期凋落→ラグの長すぎ→老化イネ→下葉枯れ→収量停滞、というコースをたどるのは当然である。

九州では、ニシホマレをムギ跡の六月一〇日に田植えする。出穂は九月五日だから、やはり八七日間もある。中期ラグ停滞期がやはり長すぎる。

出穂七五日前の田植えにすれば、日本晴地帯では六月五日の田植えとなる。こうして連休より田植えを一カ月遅らせれば、イネづくりは相当楽になる。ニシホマレなら六月二十日田植えが適期となるのだ。

こんな早植え地帯なら、元肥無肥料で尺角ぐらいに疎植し、本田を苗代の延長と考えて育てる。「本田に田植えしたのは仮植えだ」ぐらいに考えたつくり方にしなければ、イネの生理に合致しない。田植えを遅らせることができなければ、初期無肥料で生育を抑えて、出葉ペースをにぶらせ、遅植えと同じ結果にもってゆくことである。

私の住む地域、兵庫県瀬戸内沿岸では、ムギの裏作があるから、大昔から六月二十二日に用水路の扉門があく。田植えは、六月二十五日が中心となる。七五日後の出穂なら、九月八日出穂。

昔は、千本旭など九月八日の出穂であった。このころはイネはつくりやすかった。充分な日数があるので、肥料でムリしなくとも、日数で分けつがとれた。が、今は日本晴が中心である。出穂の八月二十八日まで六四日しかない。ゆっくりと分けつをとっているヒマがないのである。つい肥料に頼ったムリなイナ作になる。われわれの地域で日本晴をゆっくり理想的につくろうとしたら、少なくとも六月十四日に田植えを終わらねばならない。

だから逆にいうと、日本晴を六月十〜十五日に植える地域は、ゆっくりイネを育てられる理想的な地域ということになる。そして日本晴でも、相当の多収は可能なはずである。

こんな理想論をいっても、周囲の事情があるから、田植え時期はなかなか変えられないが、イナ作にムリを生じているのは、施肥指導の誤りのほか、田植時期と採用品種に原因があることも明白である。

＊「田植えしてから七五日目に出穂するのが理想」ということは、どんな地域でも、どんな品種でもあてはまる。

代かきはよく田を練ること

昔のように、人間の足で田を練って田の草とりをすることなどなくなったから、代かきのときに耕土全部をていねいに練るように心がけねばならない。よほど重粘土は別として代かきがていねいなほど生育は順調でゆっくり生育となる。

そして苗が深植えにならないよう、泥がよく落ちついてから植えねばならない。手植えするばあい、とくに致命的な失敗は、代かき直後に田植えすることで、それは深植えになるからである。

イネにとって土中の酸素は不用である。酸素なしで生育するほうが根のためによいのである。だからいくら代かきでていねいに土を練ってもよいのである。よく練れば練るほど増収する。

省力手植え法

手植えは、全国まちまちな方法で、その土地に昔から伝わった方法でおこなわれている。大きなカ

第20図　省力手植え法

田植え筋つけ定規
（タテヨコ，またはタテだけ筋をつける）
押してゆく

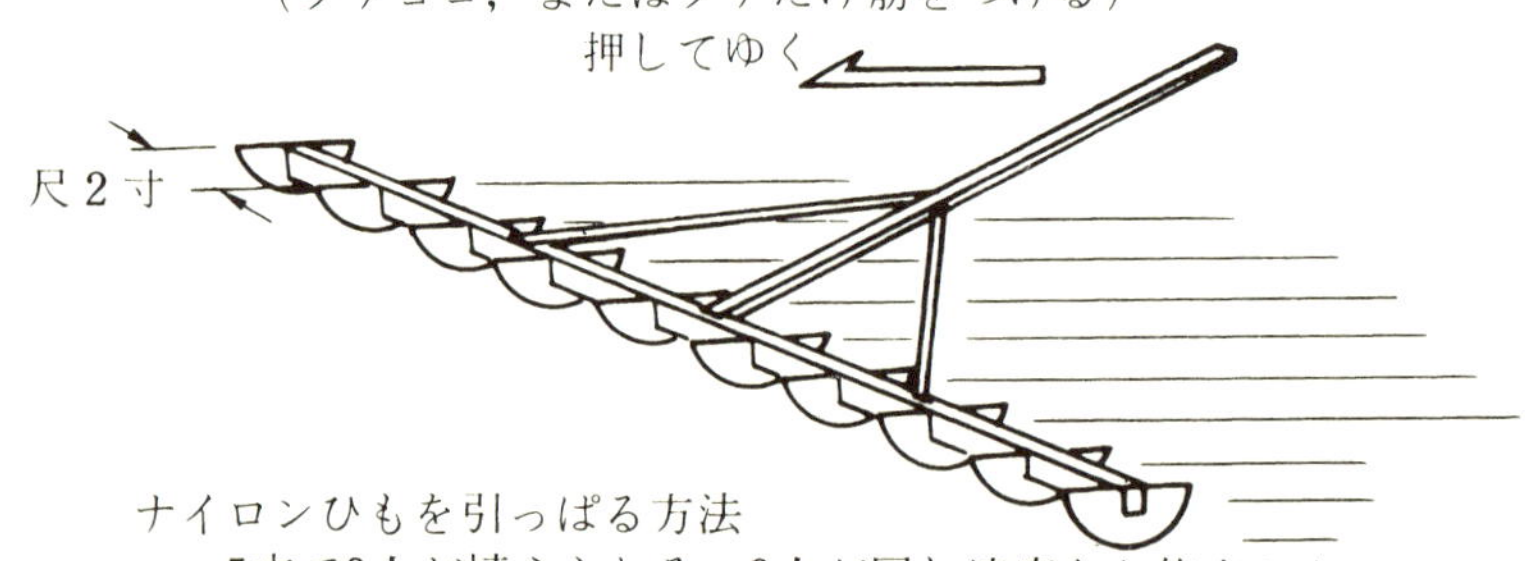

ナイロンひもを引っぱる方法
5本で3人が植えられる。3人が同じ速度なら能率が上がる。
向こうに到達したらひもを送る。

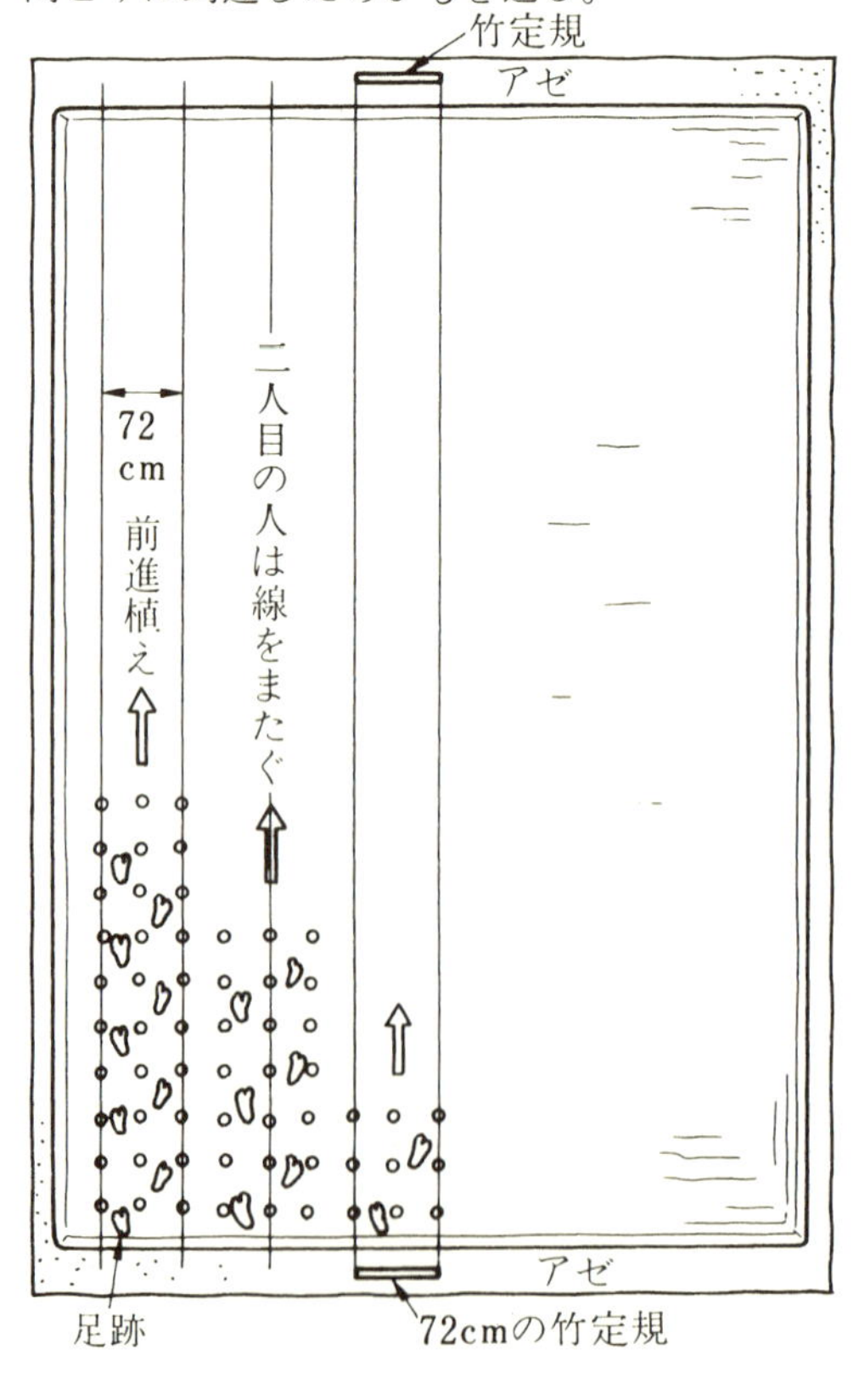

ナイロンひもは水に浮くのでよくわかるが、風で弓なりに動く。
ひもに尺寸または尺二寸の印をマジックでつけておけば、ヨコもそろう。

ゴ状の定規をころがすところ、筋をつけるところ、線を引っぱって印植えするところ、前進植え、後退植えなど。

私の住む地帯では、正条植えといって、針金を引っぱって五条ごとに印植えをしている。目立て半分、といって時間がかかる方法であり、一人一日一反植えれば一人前といわれてきた。

だが私は、最も腰痛がなく、手っとり早い方法を二つおこなっている。その一つは、第20、21図のような定規で碁盤の目に筋をつけ、一条またぎで三条の前進植え。これは水利に恵まれ、天候に恵まれ

第21図　省力手植え法

すじつけ定規を押す。尺２寸×尺

ひもを張って３条前進植え。尺２寸角

注．ひもの間隔は２尺４寸

ないとつごうのわるいこともある。足で水が濁るので掛流しをする必要があるし、雨に叩かれると筋が消える欠点がある。

それで、ナイロンひもを張ってこれに沿って三条前進植えをやっている。このばあいの欠点は、二人が両アゼに立ち、ヒモを引っぱらねばならないので、一人で田植えをするときやりづらいことである。そのときの天候と水加減によって使いわけている。

手植えの株間は、尺二寸角（坪二五株）にすることに決めている。そうするのは仕事が速いこと以外に理由はない。一人で苗とりして一日に二反は軽く植わるからだ。どちらにしても必ず前進植えにする。腰が痛くならないからだ。

尺二寸角の手植えは、機械植えよりはるかに仕事が速い。育苗の手間も簡単。田植えの仕事は速く、補植は不必要。田植機洗いも苗箱洗いもいらない。手と足を洗ったら全作業は終わりである。

補植のいらない田植え術

「苗はうすまきにしたいが欠株がネエ」とおっしゃる方、厚まきにして補植作業がいらないものか、うすまきで補植に苦労するものか、もう一度とくと考えていただきたい。

均平にイネをつくるためには、肥料ふり以外に、植込本数から平均にしておかなければならないが、田植え時の機械操作や準備作業を片手間仕事として手抜きしていないか。

厚まきするほど補植はきつい

稚苗箱苗をつくるばあい、少ない人で一箱一六〇グラム、多い人で二〇〇グラムもまいている。多くモミダネを使う人は、欠株が心配だから、という。

さて、二〇〇グラムまいたからといって、田植え後に補植にはいらずにすんだだろうか。厚まきの人もうすまきの人も、田植機を使うかぎりはそれなりに必ず一度は補植にまわるはずである。

うすまきの人は、一株に三〜四本平均で植わっている。補植にはいると一本だけの株は添え植えをしてやり、欠けている株は五〜六本つきさしているだろう。

厚まきしている人は一株に平均一〇本ぐらい植わっている。補植のとき、二〜三本しかない株はとなりの株と同じぐらいになるように添え植えし、欠けている株は一〇〜一五本ぐらいつかんでさしている。

この二人のタイプをくらべると、厚まきしたからといって補植なしには絶対にすんでいない。それどころか、かえって厚まきの人のほうが補植には手間をかけている。五反の農家は補植に充分三日はかけている。一町つくる人は補植にタップリ一週間をかけているではないか。一箱二合もまいておいてだ。

うすまきするほど補植はいらん

超うすまきを例にとってみよう。一本植えの手植えをする人は、浮き苗を一回だけ見てまわる。機械植えではポット式がいちばんうすまきになる。

ポット田植機は一箱三〇グラム（私のみのるポット機なら二五グラム）という信じられないほどのうすまきだが補植はいらない。

オヤジが田植機を運転する――嫁はんは見とってヒマなもんだから、植えたあとを歩いて見てまわる。「ナンヤ、ひとつも欠株ないじゃんか」と、まるで欠株のないのが不満のようにいいながら、「一枚の田で二つ欠株があった！」と欠株を見つけたのを手柄のようにやっている。なにも見てまわらんかてよかったワ！　三〇グラムのうすまきならこんなぐあいである。

うすまきで補植作業がいらないのは、一株たった一本でも、どの株もそうだから添え植えをしないからだ。ほんとに欠株だけを探せばよいことになる。

「そりゃポット苗だから欠株がないんだ」と反論もあろうが、ポット苗でなくても鈴木式四〇グラムスジまき苗でも同じことである。

四〇グラム苗の人は一株一～二本植えになる。一本植えがあたりまえなら、補植にはいってわざわざ添え植えはしない。ほんとの欠株だけ探すのに立って歩いてまわるだけ。欠株を見つけても一株だけなら見送り、二～三株つづけてとんでいたら、チョイと一本さすだけ。いわば細植えを見なれているから、よほど欠けていないかぎり苗をささないですむのである。

二〇〇グラムまきの人はどうだろう。

一株に一〇本も植わっているもんだから、蚊の足のような苗が二〜三本しか植わっていない株は貧弱に見える。今にも消えてしまいそうに見え、添え植えせざるをえないのが人情。一株一〇本にそろえようとする心理が働くので、すごく補植に手間がかかる。一反に一日もかかって「これやったらいっそのこと、はじめから手植えしとくほうがよっぽどマシ」といわせることになるのだ。補植係の母ちゃんとじいちゃん、ばあちゃんは毎年こういってぼやいている。

はっきりいって、うすまきの人ほど補植は楽で、厚まきになるにしたがって補植作業はきつい仕事となる。欠株をなくすために厚まきしたはずなのに結果は逆だ。

思いきったうすまきを

補植を楽にするにはどうすればよいか。一箱一〇〇グラム以下、いや八〇グラムぐらいに思いきってうすまきにすることだ。

第22図　うすまきの苗箱をタテにトントンとやると苗のすき間がつまってくれる

うすまき苗は、苗一本一本が充実して太いが、苗同士に空間がある。このすき間が欠株の原因になるのだから、田植機にマットをセットする前に、トントンと片方へずらせて寄せればよい（第22図）。こうすれば、ごはんの少ない弁当箱のように片方に寄り、苗のすき間がつまる。

第23図　厚まきにまいたら思い切って複条並木に

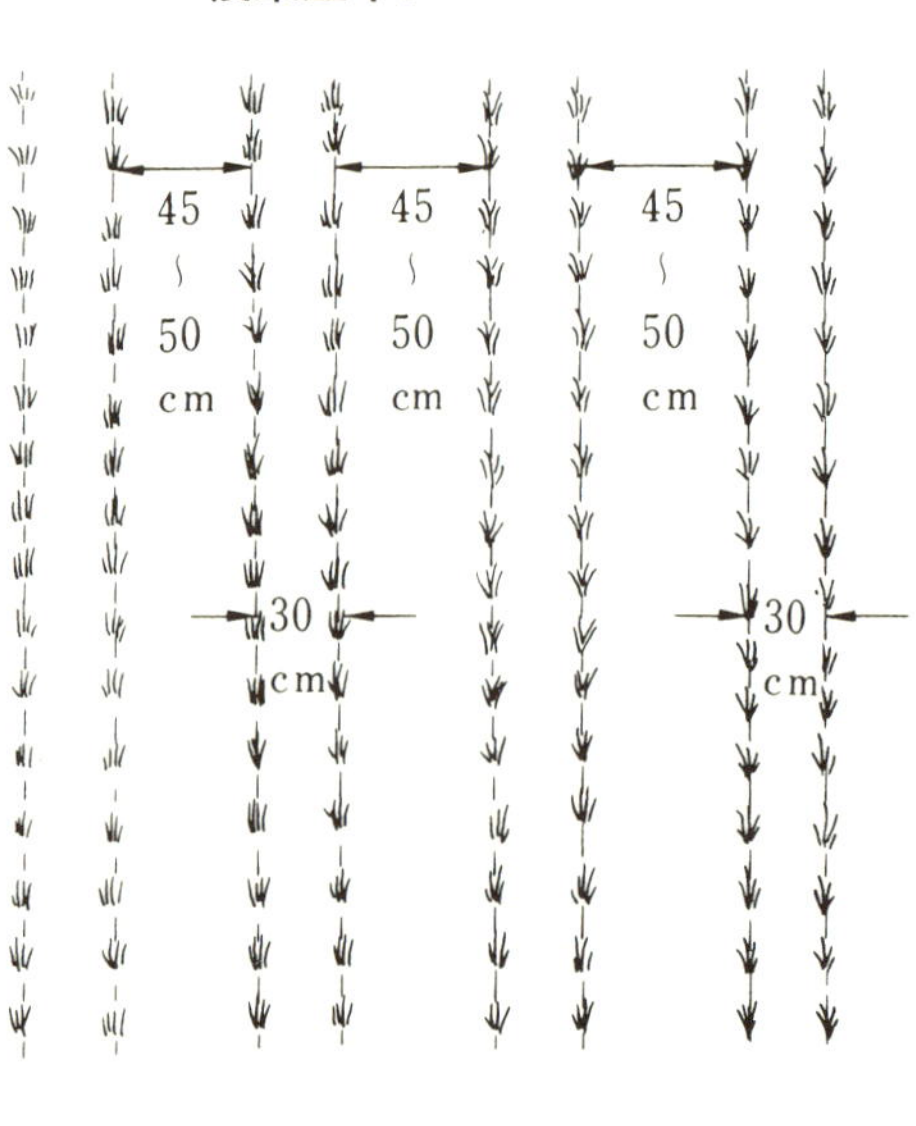

だが厚まきの苗は決してこれをやってはならぬ。たださえ厚いのに、トントンとやるとますます一株の植込本数が多くなる。

条間を広げ、株間を広げ、かきとり量を少なく

厚まきになった苗はもう仕方がない。貧弱な細い苗でも少なく広く植えよう。そのほうが太い茎に育ち、大きな穂を出して増収する。補植作業も、さみしい姿に見なれれば案外簡単にすむ。

大雨や、風で吹き寄せられたゴミで苗が水中花のようになっても、じっとがまんしよう。苗をつかんで補植したりしないで。

田植機はツメの性能がたいせつだ。すりへったツメは惜しまずに交換しよう。田植機の性能そのままで植付精度はすごくよくなる。かきとり量は最も少なくなるようにセットして一株の植込本数をできるだけ少なくしよう。

少しでも疎植となるようにピッチ（株間）を広げ、ギヤ交換、ホイル交換も田植え以前にすませておこう。ピッチは少なくとも二〇センチに広げたい。理想は三〇センチであるが、ふつうの田植機はとても三〇センチまでは広がらない（路上走行用のギヤで植え付けると、速度が二倍になり、一五センチのものが三〇センチに植わる機種もある）。もしこれが不可能ならば、条間を思いきって広げることである。通常三〇センチの条間を、一挙に五〇センチぐらいに複条並木に植えるのである（第23図）。

一株かきとり量を最少にし、ピッチを広げ、複条並木にすると苗箱の枚数はビックリするほど少なくてすむ。そして何より、補植作業がすごく楽になる。

反当二四枚使っていたのが一挙に一五枚ぐらいですむ。これは大きい。苗づくりも楽だ。手抜きとはこんなことをいうのである。作業自体に手抜きするのでなく、資材とそれに伴う労力を抜くのである。

複条並木に植えるときに気をつけることは、中途半端なことをしないことである。帰路、あんまりあけずに三五センチか四〇センチにしとこう、と欲を出せば田植機のワダチにはまり込み、ハンドルをとられてひどい目にあう。四五〜五〇センチあけたら田植機の直進性はよくなる。

余り苗はすぐ捨てること

ピッチを広げ、条間を広げたら苗がすごく余ることになるが、せっかく丹精こめてつくった苗には愛着があり、余ったからとてすぐに堆肥に積む勇気がない。

実はこれがいけないのだ。『現代農業』誌で渡辺正信先生がつねに書いておられるように、余り苗が本田イモチの元凶になる。

第24図　代かきのよしあし

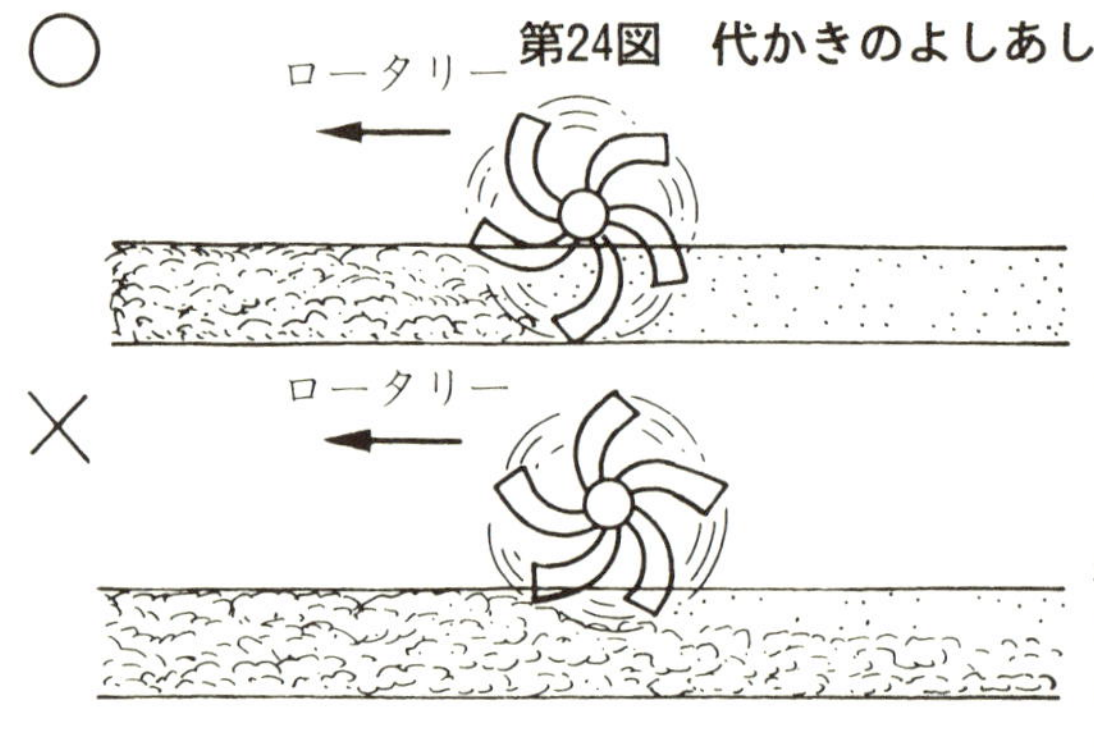

盤まで届くように代かきすれば田植機の車輪が底までストンと届き，耕盤上を走って安定する。

この代かきでは，田植機の車輪がこねてない層にメリ込んで，走行に抵抗がある。直進性は不安定でスリップする。

それよりも、「苗が余ったから田んぼにつきさそう」という気になるのがもっといけない。家の年寄りは気が小さいから、「苗がもったいない」というて、ヒマつぶしにセッセセッセと補植に使ってしまう。息子が怒ると「ワラの先には穂がつくんヤ」と涼しい返事しかくれないのが年寄りの相場である。

補植をすればするほど細い茎になって、穂の出ない茎がふえて減収するのに、なんでわざわざ、少しの空間にも余り苗をつきさしてまわるんだろう。とくにアゼギワなんか。

それは、余り苗をたいせつにした人がわるい！

ほんとに欠株だけ補植したいのなら、太植えになった株からつまんでくればよい。五本植わった株を、三本に減らしてやればいい。補植苗なんて最初から用意する必要がどこにあるのか。

代かきは耕土いっぱい練るとうまく植わる

田植えしたあと、スジがピッと通ってまっすぐな植え方になるよう、田植機の使い方も上手になろう。

一輪四条植えは、耕盤の凹凸にも影響なく直進性はよいが、二輪の二条植えは田んぼの条件によって左右にハンドルをとられて直進性がわるい。とくに、田んぼを深耕して、代かきが雑なときはスリップして始末におえないことがある。

この原因は代かきにある。耕土一〇センチの田は一〇センチ全部を、二〇センチに深耕した田は二〇センチ全部を代かきのときにロータリーでこねるのである（第24図）。

どこを見て田植機を運転するか

田植えしたあと、グニャグニャにスジがゆがんでいる人はサイドマーカー（目印棒）ばかりみて、隣のスジだけを気にしている人である。そしてスピードがやたらと速い。足元だけ見て大局を見渡し

第25図　田植えはまっすぐに

足元ばかり見ている人は
こんなゆがみ方になる

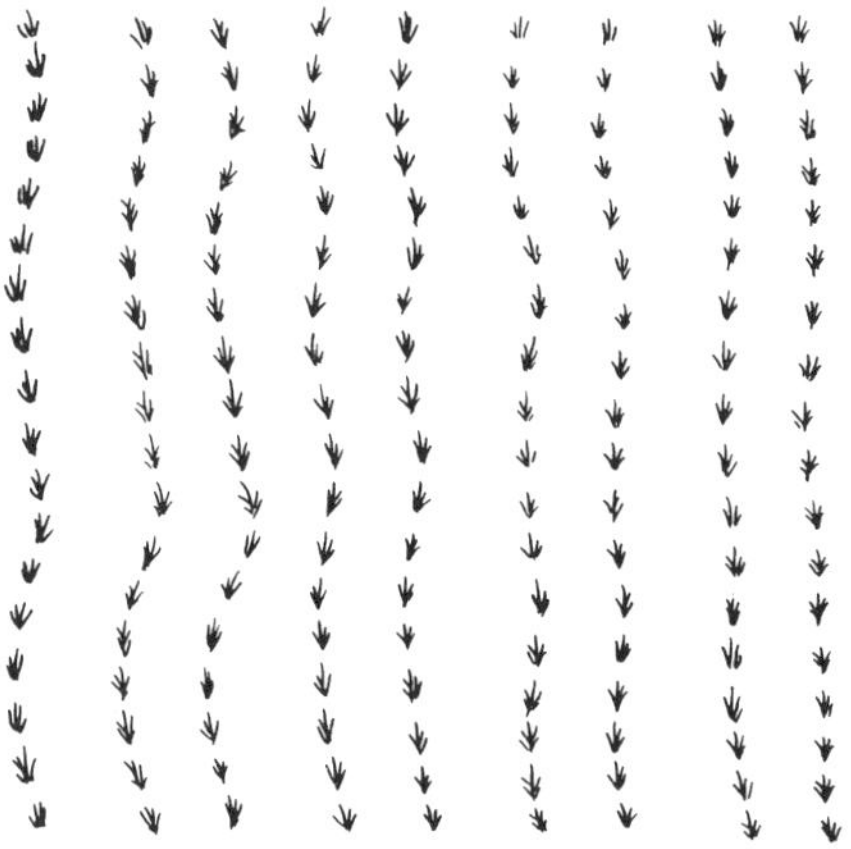

遠くばかり見ている人は
こんなゆがみ方になる

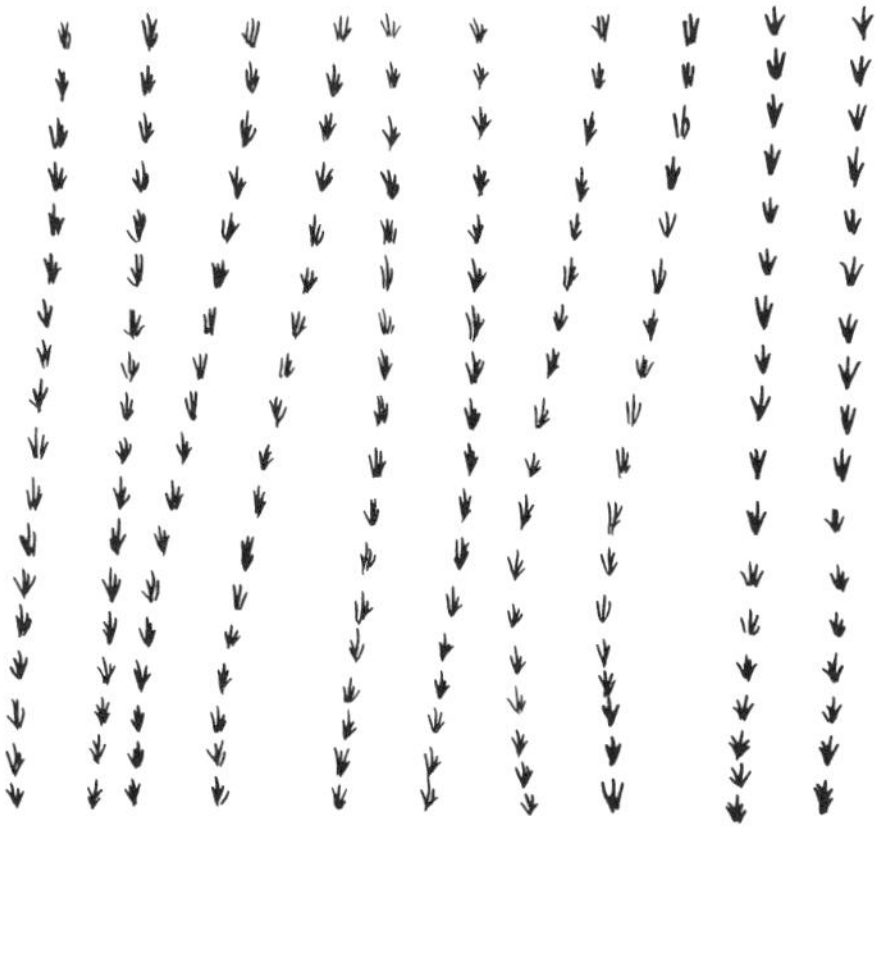

ていないセコイ人である（第25図）。

トラクターで田んぼを耕うんしても、後ろばかり見ている人はウネがゆがんでいる。遠くを見なければ機械は直進しない。ウネがゆがんでから修正するのでは手遅れ、ゆがむ前に微修正するのである。

遠くの一点と、近くのサイドマーカーを交互に見てスピードを控えめにして前進してゆくことである。できれば片目をつむってサイドマーカーに合わせてゆくと、糸を張ったように植えられる。

ピシッと、糸を張ったようにまっすぐ植える人はコメがとれる（第26図）。生育が均平になるからだ。

ゆがんで植えてもコメのとれ方に関係はなさそうであるが、田植機を使ってスジがゆがむような人は元来ヤル気のない人である。ヤル気のない人にコメがとれるワケがない。なお、機械の苗のせ台には往復分だけの苗をのせることである。余分にのせるとトップヘビー、つまり重心が高くなり、機械の直進安定性がわるくなる。

第26図　機械植えはまっすぐに

5 生育の見方、こんなときどうする

毎朝毎夕、田んぼを見て回ってイネの生育をじっと観察する。葉の出方、分けつの出方、葉色の変化、根の出方など、思いがけないことを見つけることがある。

毎日イネを見て回っても、ただアゼから眺めて「ようでけたナア」ではイネはわからない。

葉の直立 健康のバロメーター

田植えして一週間から一〇日たてば、活着して新しい葉が出てくる。田んぼの色は苗のときの色とちがって、透きとおった淡い緑色になる。このときの新葉の状態をよく見ると、親茎の葉はカーブしてたれぎみ、分けつ茎の葉は直立しているのがわかる。

一株の植込本数が多いと、一株内は親茎ばかりだから葉はみんなたれている。一本植えにすると、親茎は一本だから、一株のうち二枚ほどはたれ、あとの葉は直立している（第27図）。

元肥に入れた肥料が、密植では少なく疎植では多くても、親茎の葉はたれるので密植ではシャキッと直立した姿にはどうしてもならない。この傾向は分けつ期間中つづく。

尺二寸一本植えの手植え田なんかでは、元肥にチッソを反当四キロくらい入れてあっても、たれ葉

第27図　葉のたれ方は植込本数でちがう

注．品種：コシヒカリ，尺２寸角１本植え

はほとんど見えない。ところが、密植でも、一株植込本数が一〇本あれば、ほとんどが親茎だから、元肥がかなり少なくても葉はベロベロになるものだ。

健康なイネは、分けつ期間中もつねに葉は直立しているもの。葉の直立は、いわばイネの健康のバロメーターである。一株にたくさん植え込んではいけない理由は、ここにもある。

逆にいえば、一本植えしているのに葉がベロついていたら、それは相当なチッソ過多である。一株一〇本も植わっていて、すべての葉が直立していれば、これはかなりのチッソ不足であり、栄養失調に近いかもしれない。

むろん品種により葉のベロつき方は大差があるが、コシヒカリのようなベロベロの葉の品種は、このような感覚で初期のチッソ濃度を判断するとよい。

早い分けつ茎は細く、将来は死ぬ

稚苗密植で一株に七～一〇本植わったばあい、四葉（四号分けつ）から分けつがはじまる。一一葉

第28図　田植え１カ月後の分けつスケッチ（11葉期）

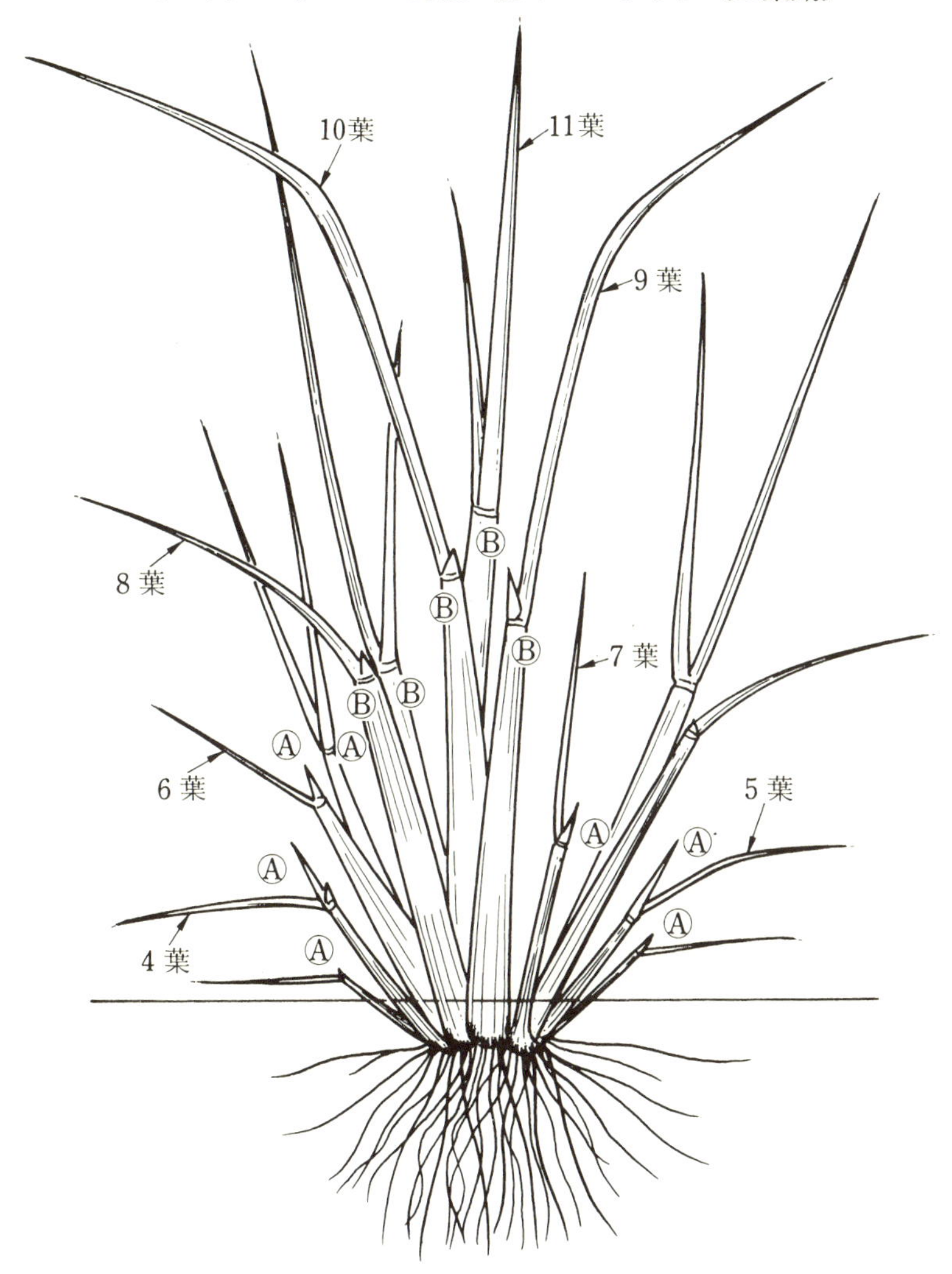

注 1. 元肥が多いと低位分けつⒶがわんさとふえる。
2. この状態（出穂45日前）で元肥的追肥を与えると，Ⓑの太い分けつが出てくる。元肥が少ないとⒶの低位分けつ芽は出ないので，Ⓑの太いものにそろう。
3. 疎植１本植えでは，ⒶもⒷも一人前の太い分けつ茎となる。

第29図　1本植えの分けつ

注．品種：碧風，7月20日（田植え後1カ月）の姿，11葉期・13本分けつ，ポット1本植え，坪42株植え

第30図　2本植えの分けつ

注．品種：日本晴，7月20日（田植え後1カ月）の姿，11葉期・20本分けつ，ポット2本植え，坪35株植え

第31図　１株10本植えの分けつ

注．品種：日本晴，稚苗田植え後１カ月，41本分けつ，１株10本植え

期の分けつのスケッチを書いてみた（第28図）。これを見るとⒷ印の八、九、一〇葉の分けつが太く、Ⓐ印の七葉以下から出る分けつは貧弱なことがわかる。

このスケッチは、田植え後一カ月のものであり、これは出穂四五日前に当たる。

今、この時点で肥料を抑えにかかると葉色は淡くなり、九、一〇、一一葉の分けつ芽は出ない。逆に、追肥をして色を濃くすると、九、一〇、一一葉が分かれて太い分けつ芽が出てくる。分けつ芽は根元から出てくるのではない。葉鞘が分かれて芽が出てくるのである。

早い分けつ（低位分けつ）は、細くて貧弱であり、遅くから出るⒷ印の分けつは太くて逞しいことがわかる。

元肥がゼロか、極端に少ないと、Ⓐ印の低位分けつは出ない。出穂四五日前にはじめて元肥的追肥をやると、Ⓑ印の太い茎の分けつが出てくる。これが遅づくり太茎イナ作であり、への字型理論なのである。

疎植のばあいはガラリと事情がかわる。ここでいう疎植とは、坪何株植えかではなく、一株の植込本数が少ないばあい、つまり一株一～二本植えのばあいのことをいっている。ガッチリした健苗が一～二本植えになっているばあいは、四～五葉期の低位分けつが一人前の太い茎に育っている。Ⓐ印の太さもⒷ印の太さもまったくかわらない（第29、30図）。

健苗を一株当たり一～二本植えるのなら、分けつ茎はすべて太いものにそろうのである。

第32図　できすぎのイネは朝露払いを

一株当たり七本も一〇本も植え込んでいる田は、低位分けつから順次死んでゆく運命にあり、生き残る分けつ茎はⒷ印のあとから出た太い茎だけになる（第31図）。分けつするばあい、株元から分けつ芽が出るのではない。上位の葉が葉鞘から分かれる葉耳のところから芽が出てきて分家することを知るべきである。

できすぎイネは露払いでなおる

元肥や分けつ肥を入れすぎた、出穂四五日前の追肥をやりすぎた、葉がたれてベロベロになった、こんなときは誰でも生育を抑えようとして、リンサン肥料やカリ肥料を追肥しようとする。茎を硬く、葉を硬く引き締めよう、と思って、とくにカリをやろうとする。

これは大きなまちがいだ。とんでもないことだ。カリをこのうえさらにやると、ますますチッソを吸収しやすくなってイネは黒くなる。中途半端にリンサンをやると、そのリンサン肥料が水溶性でよく効けば効くほど、生育は快調になって生育促進される。こうしてなおさらよくできることがある。

このばあいは、朝露払いをするにかぎる。いちいち竹棒で広い面積を払うわけにはゆかない。第32図のようにナイロンひもで引っぱれば、一人で一枚の田が一分もかからない。これは私の仲間の考案したアイデアである（第33図も参照）。

第33図　朝露払いのやり方

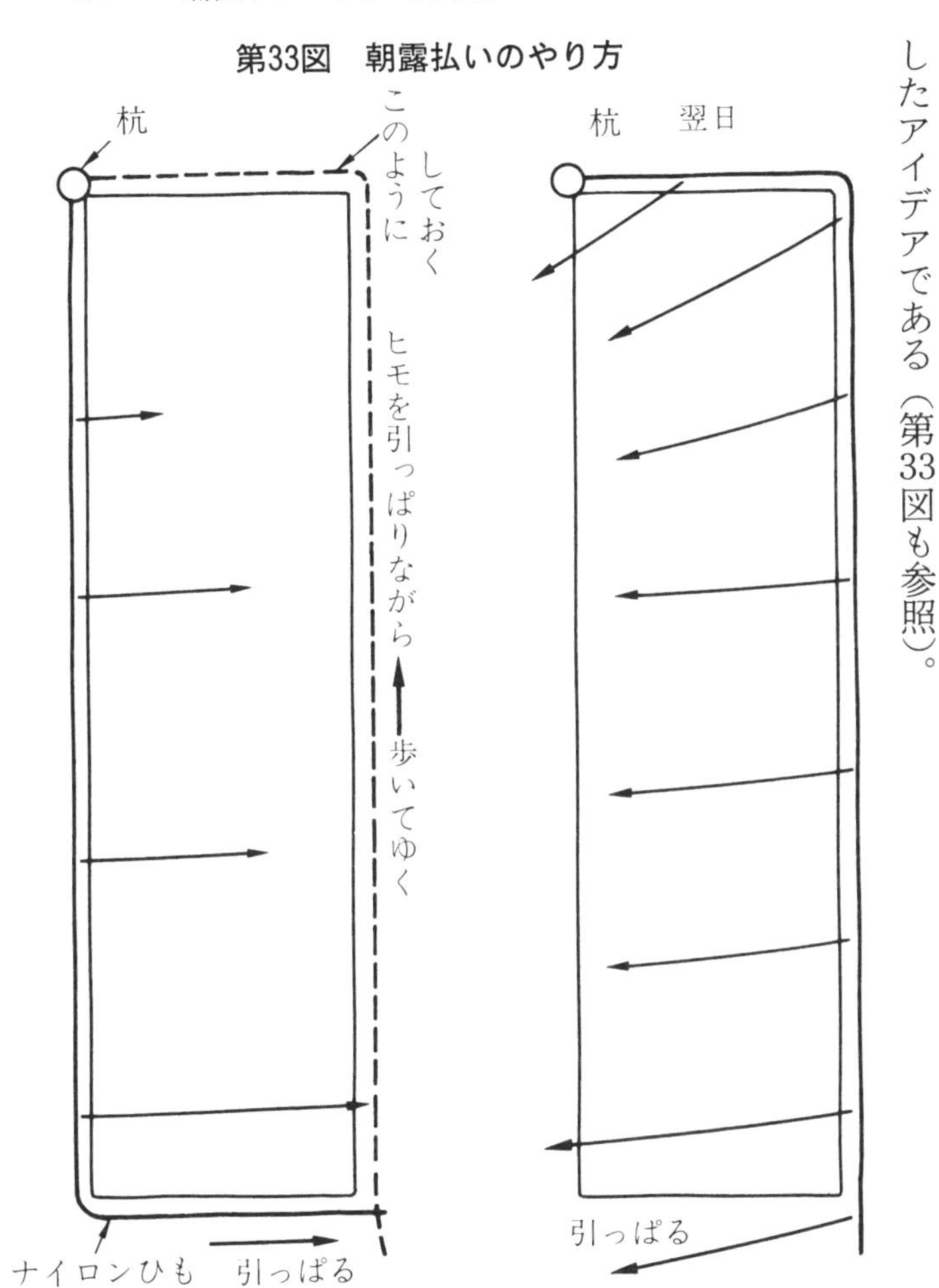

注．早朝6時ごろにやる。5日もつづけると葉色はさめ，ベロベロの葉も直立する。あまりやりすぎると，チッソ切れになる。

朝露を払う、ということは、イネのチッソを消耗させることになる。建物の陰や木陰のイネが、チッソを消化できずに葉がベロベロになるのは、朝露の落ちがわるいからである。そんな場所は、毎朝、露払いをやってやるとイネはシャンとする。

道路沿いの田は、早朝、自動車が走るときにおこす風で、夏中、露払いしているようなもの。だから、端の一メートルほどの範囲は、いくら肥料を追ってもイネはすぐに黄化する。朝露払いも度がすぎれば分けつは多くなるが、イネはちぢみすぎる。多量のチッソを必要とするようになる。

苗代でも同じ。チッソ過多による苗の徒長を防ぐにはやはり露払いをする。野菜でも同じ。スイカのツルが勢いよすぎたら、ツル先の露を四〜五日露払いすると徒長はとまる。

とにかく朝露を払うことは、チッソの消化をはげしくして、エネルギーを消耗させることになるらしい。しかし、露払いもチッソが度をすぎれば何の役にも立たないが。

風はチッソを消化する

朝露払いと同じように、風があると吸収したチッソの消化がはげしくなる。だから、チッソ過多のイネに風を当ててやればシャンとする。「イネは風とおし」というのはそのためだ。

風がつねにある、ということは、水分の蒸散がはげしいことを意味し、新陳代謝を活発にする。そのかわりエネルギーの消耗もはげしい。風とおしのよいイネの茎葉が硬いのはこのためである。

夏の暑い夜、一晩中扇風機をかけて寝ると、翌朝、体がぐったりして疲れる。体調をくずす。バイクに乗っていても同じ。うす着してバイクでスッ飛ばすと、あとで体はクタクタになる。体からの水分蒸散がはげしくなるからだ。

「できすぎたイネに風をあてよ」というわけにはゆかないが、いつも風のある地帯はコメがとれるのである。少々の多肥も受けつけるのである。われら瀬戸内地帯の夏は、昼間も風が弱く、夜はピタッと凪いでしまう。この点、日本海沿い、太平洋沿いにくらべて不利だ、と感じている。そのかわり、八月の下旬からきっとまとめて風が吹いてくれる。遠い進路の台風だ。ただし、風も度がすぎればひどい目にあうが。

登熟期のそよ風、これは止葉や二葉がいつもゆれて、光合成がまんべんなくおこなわれるようになる。日陰になった葉にもちらちらと日光が当たるからだ。

瀬戸内では、登熟期でも風のある日が少ない。瀬戸内で多収記録が生まれない理由の一つかもしれない。心ある人は、毎日動散を背負ってイネに風を当ててまわってやれば？？　こんなことをした篤農家が、秋田県にかつてはいた、と書物で読んだ。

台風は雨さえ伴えばこわくない

台風の害は倒伏による被害が大きい、と思っている人が多い。しかし、台風で倒れるようなイネをつくっているのがわるいのであって、四〇メートルの風でも、イネというものは倒れないのがあたりまえだ（第34図）。コシヒカリでも台風の雨風で倒れないつくり方をしなければならない。台風で倒

第34図　台風は雨さえあればこわくない

風速30mの台風にもまれているイネ（穂ぞろい期）

れるようなイネは、台風がたとえこなくても、おとなしい雨でも倒れてしまう。だから、いずれ倒れる運命にある。

台風でこわいのはフェーン熱風である。台風の進路が遠いときは雨がない。ボイラーの熱風のような強風が一昼夜も吹きつづければ、イネは脱水症状になる。エネルギーを使い果たして止葉はササラのように先がばらけしてしまう。モミは痛めつけられ、稔実歩合を極端におとす。少しの台風の風でもこたえる。

台風の進路によって潮風があがれば、一夜にして白穂になることもある。台風は直撃コースのほうが雨を伴うからよっぽどましだ。

昭和五十九年は、本土に上陸した台風は一個もなかった。これが大豊作の一因ともいわれるが、関係ない。八月二十一日に台風一〇号が、九州の西海上からシュートして日本海にはいった。上陸はしなかったが、西日本では二日間、雨のない熱風にさらされた。コシヒカリ、日本晴、黄金晴は、出穂はじめから出穂期であった。穂と止葉が障害をうけた。止葉は、上から一〇センチがバラバラになった。コメは多量の乳白を出し、等級は軒並み三等となった。とくに海岸線沿いほどひどく、山間部では潮風の害はなかった。産米検査でそれがはっきり裏付けられた。

乳白米の多かったことの原因調査が普及所ではじまった。普及所ではいろいろアンケートもおこない、専門係官がデータを出した。しかし、その結果表に「台風一〇号の害」という項目は、ついに見当たらなかった。

観察が足りないのである。私は声を大にして、公式の席上で、台風が乳白米発生の原因だと強調したが、ついにウンといってもらえなかった。

専門指導機関も、アンケートに応じた一般農家も、まるでイネの観察ができていないのだ。イネの観察さえできない係官が、どうしてイネの栽培指導ができるのか。いまの指導はどこまでも狂っている。

台風の潮風熱風をさけるつくり方はない。自然現象だからどうしようもない。しかし、それに強いつくり方はできる。被害を軽くするには、「穂肥をうんと減らす」これだけだ。穂肥過多のイネがひどくやられるのは、まぎれもない事実だ。

スケスケイネはほんとによいのか

田植えして二〇日から一カ月もたつと、イネは分けつ最盛期を迎える。よいイネとは、アゼに立つ

第35図　大混雑の稚苗密植イネ

第36図　ヤケクソに開張，疎植イネ

田植え後１カ月，スケスケには見えない

と五〇メートル以上田面が見えるスケスケのイネだ、と『現代農業』誌ではキャンペーンしている。これホントだろうか？

スケスケのイネでなければならないのは、密植で一株七〜一〇本も植わった、大混雑の過密イネのことである（第35図）。こんなダメイネならスケスケでなければならない。

一株に二本植えぐらいのイネならば、たとえ尺角の疎植でも、坪六〇株の密植でも、決してスケスケにならない（第36図）。株がヤケクソに開張して扇のようになるイネは、ウネ間はすぐにふさがって、アゼに立っても向こうは見えないのだ。バラッとまんべんなく広がるからだ。そのかわり、上からみるとスケスケだ。

田植え後一カ月、開張した多収型のイネはスケスケではない。スケスケイネがいい、という表現は片手落ちであり、密植大苗植えのダメイネに対する警鐘にすぎない。

「冷蔵庫、電気がなければタダの箱」「イネづくり、コメがとれなきゃタダの草」である。こんな草イネづくりのイネこそスケスケイネにすべきであろう。

穂数は坪何本あればよいか

昔、手植え時代のころ、一坪当たり一〇〇〇本の穂を出させることが夢であった。農業講習会に行っても、本を読んでも、四石とるには「坪一〇〇〇本の穂数」ということが盛んにいわれた。品種名でもこの願いを反映して「白千本」「千本旭」「中生新千本」というように千本の名のつくものが多い。それくらい坪一〇〇〇本にこだわったものだ。

いま私のイナ作は、尺角疎植が主流である。やはり「坪一〇〇〇本」にすごくとらわれている。坪一〇〇〇本とるには、三三株植えて一株三〇本、これが毎年の目標であった。そして一株三〇本の有効分けつをとるために、ムリして追肥を重ねた年もあった。

連年きゅう肥やコムギわらをすき込んで腐植がふえて、地力がすごくついてくると、坪一〇〇〇本とるための晩期追肥が、思わぬ障害を与えることに気がついた。

それは、腐植が肥料をつかまえてしまうため、追肥をしてもパッと効いたあと、スーとさめないことだ。じっくり長く効いてしぶといのだ。速効性の硫安が緩効性の有機肥料のような効き方をするようになる。腐植の力はおそろしい。

地力のある田では、坪一〇〇〇本にとらわれてはいけないことを痛感させてくれたのである。

今まで坪八〇〇本の穂数でも、充分四石のコメはとれてきた。中間型か穂重型に近い品種のイネを疎植すれば、八〇〇本の穂数でも、平均して一穂当たり一五〇粒は着粒するから、坪当たり一二万粒、反当たり六石になるはず。ただし、一〇〇パーセントは稔らないから、結局四石ぐらいになるが、穂数にとらわれることは失敗のモトである。

疎植にすると、出穂後噴水状になるから受光態勢がよくなり、大きな穂も穂首までプッチリ実がはいる。穂肥でムリしなくてもよく、着粒数ばかりねらわなくてもよい。一坪当たり一二万粒あれば、いつでも五石のコメはとれるのである。茎数を少なくしなければ、坪一二万の着粒はとれない。

密植のばあいはどうか。

密植すれば、田植えの時点ですでに一坪当たり六〇〇本植わっている。一坪当たり七〇株で八～九本植えになっているからだ。坪一〇〇〇本ほしいのなら、一本の苗が平均一・五本分けつすれば充分である。茎数をとりすぎると、逆に坪当たり粒数は減少するのだ。

ところが、どんなにしても一本の苗は四～五本には分けつする。一坪当たり二〇〇〇～三〇〇〇本になってしまう。それでいて四石のコメがとれないなんて、実にムダが多く、粒数がとれていない証拠だ。これなら、中生新千本の品種名は「中生新二千本」と改名しなければなるまい。

イネをよく観察していただきたい。分けつは太いものばかりにそろえるために、元肥無肥料にして分けつさせない。一坪当たり一二〇〇本か一三〇〇本の分けつがあれば、いつでも四石のコメはとれるはずなのだ。密植したら分けつさせようと考えないほうがよいのである。

⑥こんな水管理が根を弱らせる

イネは水中で育つ。水辺でも育つ。畑状態でも充分育つ。その田んぼの水利の状況に応じて穂を出してコメになる。刈取りのときまでしっかりした根が持ちこたえられるか、コンバイン刈りのときスポッと株が引き抜けるような秋落ちイネになるか。

ここが水管理の上手下手によってわかれるところである。

中干し後、「水で活力を」がアダになる

水根か畑根　どちらかで一生を通す

イネも野菜と同じであるが、トマトを例にとると、ふつう乾燥する畑にトマトを植える。大雨で冠水して二〜三日滞水すると必ず根が腐り、そのトマトは全滅するだろう。

第37図　水根と畑根のちがい

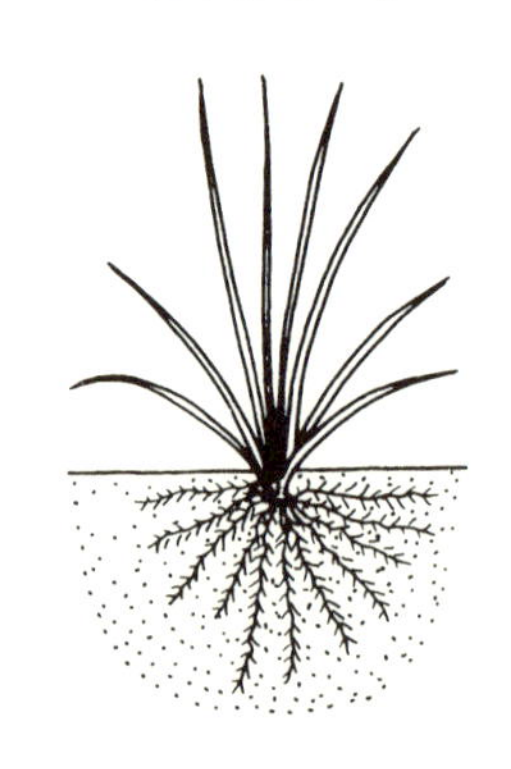

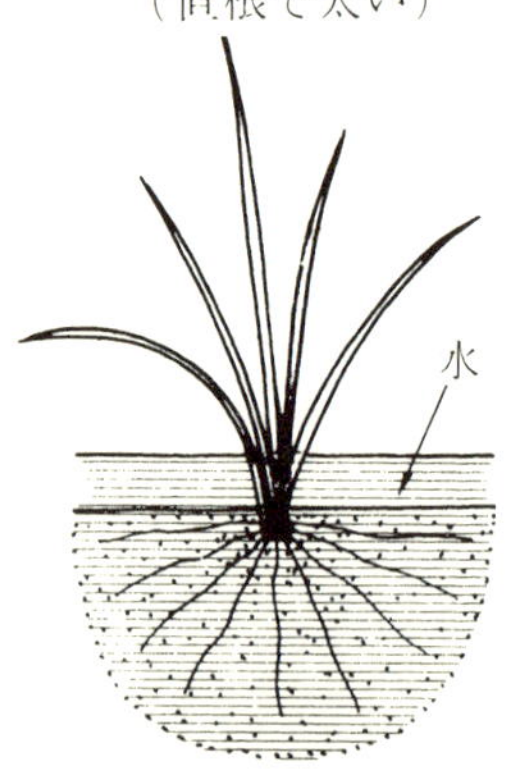

第38図　湛水状態では全部水根

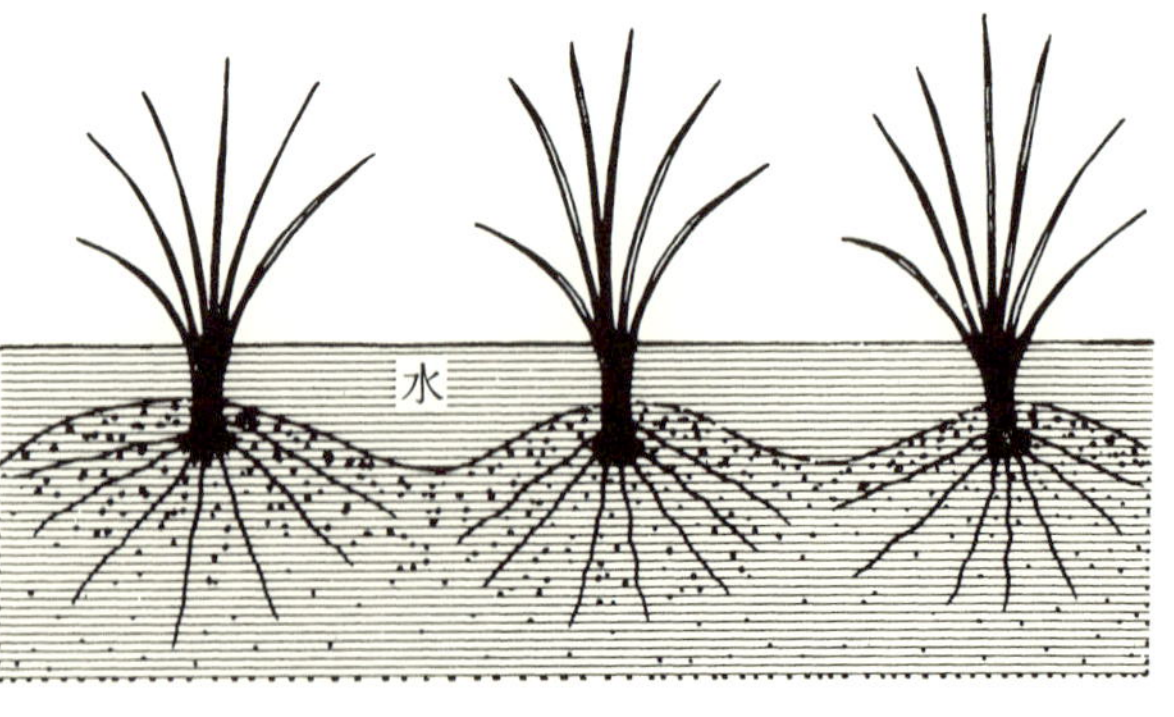

それなのに水耕栽培のトマトの根は終生水中にあるのに腐らない。イネの根もレンコンも、一生泥の中にあって腐らないのと同じだ。

定植したときから水中生活した根は、一生水中で生活しなければならない。水中にある根はイネも野菜も、根の断面はレンコンのように空気の通る穴があいていて、葉から供給された酸素の通るパイプがあるから、水中生活ができるのである（第37、38図）。

それとは逆に、苗の定植時から畑状態で土中酸素にこと欠かないときは、根は空気パイプがなく、少ない土壌水分を吸うために毛細根が多い屈折ヒゲ根（酸化根）となる。こんな根は水中にはいれば窒息して腐ってしまうので、水根か畑根か、どちらかで一生を貫くような水管理が必要となってくる。

水になれた根を畑根にかえるな

イネの根は田植え直後から水根を出して育っている。分けつがほぼとれたころ中干しをしたばあい、白く乾くほど干し上げたら根はどうなるか。いままでの直根のヒゲの少ない水根は、水分を求めて細いヒゲ根にかわり、空気パイプのない畑根になってしまう。そして、直下に伸びた根は深くのびることをやめる。この過程で水分と養分の供給が少なくなり、イネの地上部の生育はお休みとなる。

そしてこの時点ですでに下葉枯れがはじまる。

まあそこまではよいとして、そのあとがたいへん。中干しが終わってたっぷりと水がはいると、一時的にイネは生気をとり戻すので勢いが出てくるし色も黒くなる。しかし三日もすると土の表面に白い根の先が無数につき出てくる。根に酸素を与えたので活力を与えられた——と大きな錯覚に陥るのである。

中干し後の湛水は根腐れを呼ぶ

金魚が酸欠になるとプカプカ水面に口を出す。イネの根も、充分な酸素のあった中干しの畑状態から一挙に湛水状態が三日もつづくと金魚と同じ。根は酸素を求めて土の表面に突き出してアップアップしてくるのである。窒息しそうになって苦しんでいるのである。

その二〜三日後、畑根は腐ってゆき、下葉が枯れはじめ、イネの葉色も急にさめて夏バテがはじまる。根は新たに水根を発生させなければならず、病気入院中のイネ地上部をさらに苦しめ、下葉と遅発分けつの栄養分（デンプン）を新根に送るので犠牲になってゆく。

この状態が強い中干しによる夏落ちイネで、一株三〇本もあった茎は、穂が出るころには一五本ぐらい退化する。下葉が枯れているので新根の水根に送る栄養がなく、刈取りのとき株が引き抜けるような秋落ちイネになってしまう。

「開花時はタップリ花水」で根が腐る

水の止まる前にタップリ湛水

夏バテしない、下葉の枯れない水管理は、決して強い中干しをしないことである。水根は水根として、一生空気パイプのある直根水根で押し通すために、中干しは軽く、土中のガスを抜くていどにとどめるべきである。

だが中干しのころは、地域ぐるみで水路の掃除があり、水がしゃ断されてしまう。オレだけ水を入れようたってそうもゆくまい。だから強い中干しを避けるために、水の止まる直前にたっぷり湛水しておくという配慮をしておかなければなるまい。

もし不幸にして水田が白乾状態になったら、そのあとは湛水しないで、ときどき水を走らせるていどの節水管理をつづけ、酸欠・窒息させないよう根を管理しなければならない（第39図）。

出穂後は一湛二落の節水栽培で

出穂後の水管理は一日湛水して二日落水、または一湛一落、徐々に畑根を腐らせることなく水根におきかわってゆくようなかん排水を刈取りまでつづけることである。出穂開花時は花水といって充分に水をためないといけないと思っている人が多いが、そんなことをするとこのときいっぺんに根の交替がおこる。出穂開花はイネのお産であり、全エネルギーをふりしぼっているときに根がやられては、刈取り時にスポッと株の抜けるダメイネになる。

イネの根にほんとに水がほしいのは出穂時ではなく、登熟期にはいってからである。

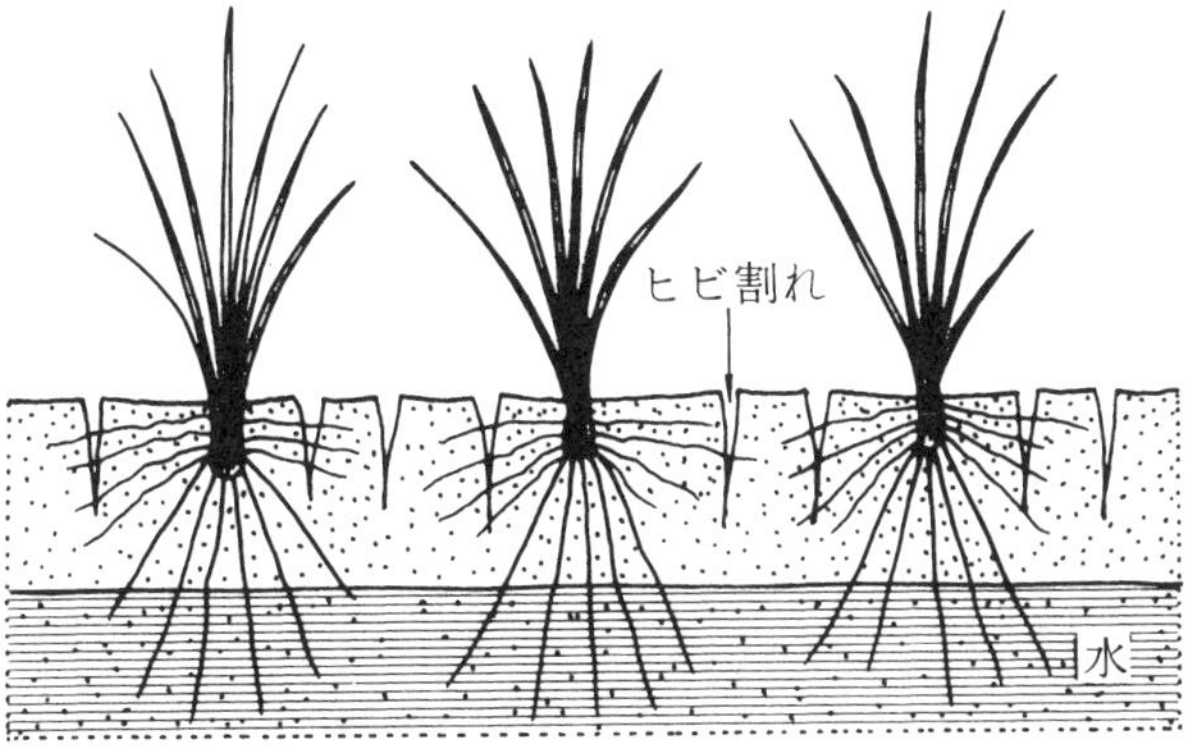

中干し時期に軽くヒビ割れていどに干した田は、それ以後飽水状態でも湛水状態でもよい。根は水根のままで最後まで押し通せるし、こんなイネの根はトコナメ三尺といって盤層を一メートル下まで貫くようなタテ根が張っている。下葉は枯れず刈取りにバリバリ音を立てるような秋まさりイネになるのである。

第39図　水田が白乾状態になったら節水栽培をつづける

飽水状態では根に酸素は届かない

第40図　飽水状態（足跡に水が残るていど）で根に空気を供給できるだろうか

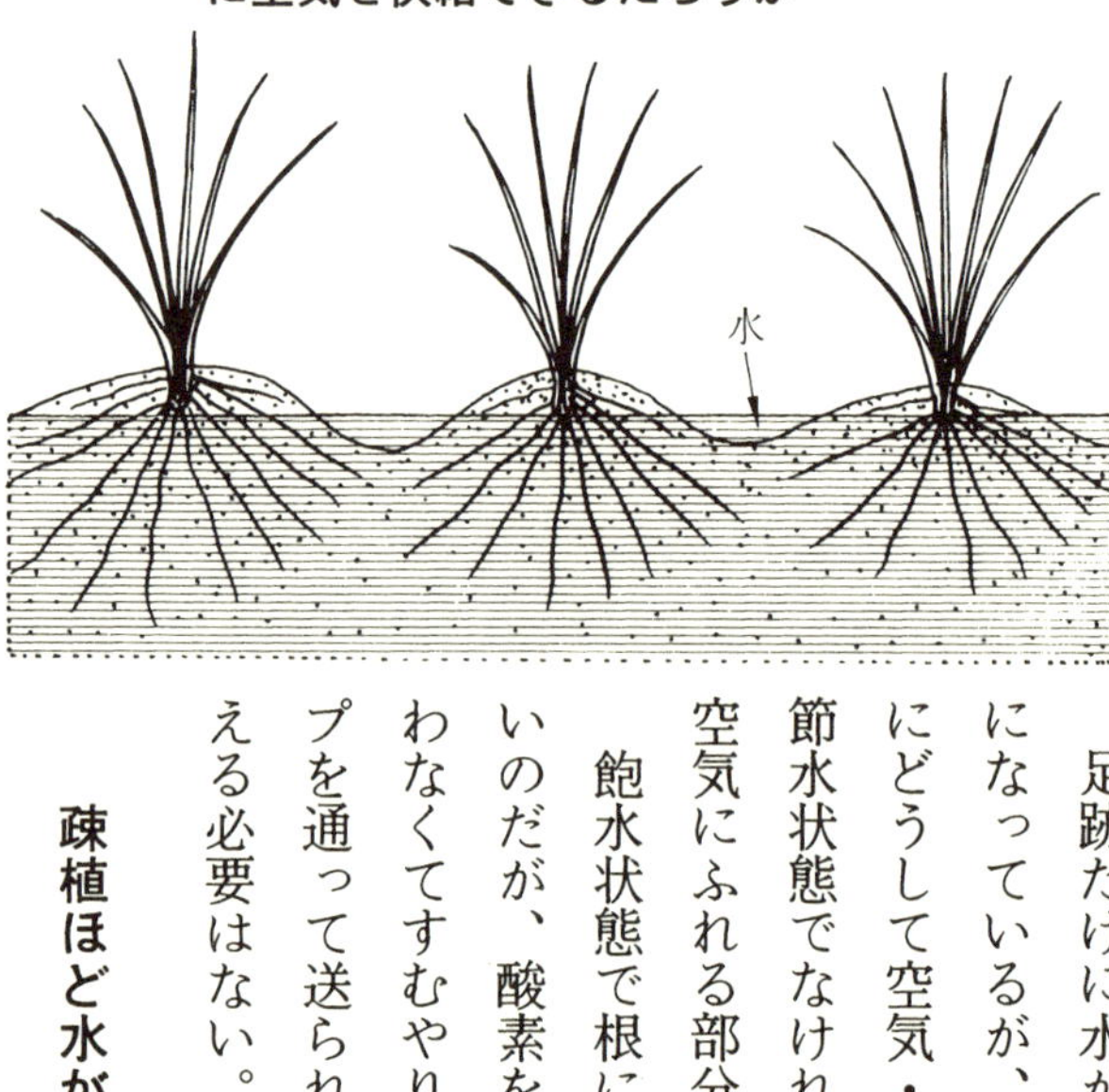

足跡だけに水がある。これを飽水状態といって水管理指導の主流になっているが、第40図をみていただきたい。この状態でイネの根にどうして空気・酸素が供給できるのか。空気が根にふれる状態は節水状態でなければならない。足跡に水があるようでは、根が直接空気にふれる部分は株元の表土二～三センチにかぎられている。

飽水状態で根に酸素を――なんて考えなくてよい。飽水管理でよいのだが、酸素を供給するための管理ではなく、水管理に気をつかわなくてすむやり方なのである。根に必要な酸素は葉から根のパイプを通って送られる分だけで充分で、根に酸素なんてノッケから考える必要はない。水根なら根に酸素はいらない。

疎植ほど水が必要　密植ほど水がいらない

水で分けつをとり節水で分けつ抑制

水利のない、普通の畑に水稲をつくることができる。天水だけで育ち、登熟期には水が充分にほしいからスプリンクラーがいるが。

私は、減反青刈り用に、乾田に直まきして天水だけでコシをつくったことがある。反当一〇キロほどモミダネをまいたところ、分けつは非常に少なかったが、青刈りを途中でやめてもコメはかなりとれた。

こんなイネの根は完全な畑根である。田んぼのイネの根とは全然ちがう屈折の多いヒゲ根であるが、一生この根で押し通せばけっこう七俵くらいのコメはとれる。

普通の水田では反当モミ使用量は少ない。私の疎植は反〇・六キロ、中苗の人は反二キロ、稚苗の人は反三〜四キロ。畑にイネを直まきすれば反一〇キロ。

水管理に必要な水の量は、実はこの反当モミダネ使用量に反比例する。疎植（モミダネ使用量が少ない）ほどいつも湛水し、密植（モミダネ使用量が多い）ほど節水しなければならない。畑にイネをまいたらさきほどのように天水だけである。

水によってイネは分けつする。疎植は分けつがほしいから充分に水を入れる。密植は余分に分けつしては困るから節水管理とするのである。密植に常時湛水すると根が細くて弱いから根腐れする。

疎植に深水栽培は向かない

水管理では、もうひとつ水の深さをどのぐらいにするかが問題になる。深水栽培はあくまで密植イネの分けつを抑制して太茎に育て、大きな穂を出させる技術である。坪五〇株以上に密植して元肥もかなり入れ、深水によって分けつを抑えるのであるから、坪三〇〜三五株ぐらいの疎植に深水は考えものである。（第41図）

第41図　疎植で深水は茎数をとりにくい

疎植イネや元肥無肥料の遅植えイネに深水栽培をやると、最終的に茎数不足になって減収する。また、暖地は深水にすると、浮き草やアオミドロに押し倒される。除草剤にMO、ショウロンを使うとひどくなる。

水はイネに対して強い力をもっている。イネを生かすも殺すも水次第。あなたのイネが密植か疎植か、根は水根か畑根か、分けつがほしいかいらないか、を考えた水管理をやってみようではないか。

太茎イネなら水管理は放任でもよい

イネ、つまりイイ根である。いい根はどんな育ちのイネか。これは株を引っこ抜いてみればわかる。根はチッソも必要だが、葉でつくられたデンプンで育つ。

太い根　苗質のよいもの。太い茎を出して分けつしているもの。一株当たり二本ぐらいの疎植にしているもの（第42図）。

細い根　苗質のわるいセンコウ苗。分けつの茎が針のように細いもの。一株当たり七本も一〇本も植わっているもの。元肥や分けつ肥が多量で過繁茂になっているイネ。

太い根は白くて逞しい。そして長くて、量も多い。少々のガス害にも根腐れしない。根の太さは茎の太さに比例する。だから、太茎イネは必ず太い根を出す。そして活力のある根は白い。

第42図 太い茎，太い根（疎植のイネ）

注．品種：コガネマサリ

このことは品種によってもいえることで、茎の太い品種は根が太くて逞しい。アケノホシ（多用途米用として昭和五十九年に登録された品種）はすごく太い茎をもつが、この品種は苗取りの時点でも根が太いので引き抜きにくい。コシヒカリは茎細の品種だから、苗のときも貧弱な根で、苗取りはしやすい。また、出穂後でもやはり茎細で根は細く、引っぱり強度がないから倒伏にも弱い。これは品種による根の強弱であるが、品種にかかわらず太茎に育ったイネの根はやはり太い根となる。このように地上部と地下部は自動的にバランスがとれているのである。

ただここでたいせつなことは、太い強い根を出させるために太い茎に仕立てることである。すなわち、生育初期のチッソをやらないことで、初期の分けつをおさえ、太茎にすることである。この太茎コースのポイントは、茎が太くてよい健苗を一株に一～二本しか植えないこと、これにつきる。

弱い稚苗をつかんで植えるような田植えをして、むやみにチッソ肥料を与える今のイナ作では、太くて逞しい根の出るはずはなく、根腐れ防止の水管理がむずかしくなるのである。太茎コースをたどれば、水管理なんて放任、いつもガブガブ水を入れとけばそれでよい。これでうんと手が省けるし、気も安らぐ。

ガス害はさほど心配はいらない

ガス害はそれほど心配しなくてもよい。ただし、一株二本植えならば、である。太茎コース（すなわち健苗五葉苗の二本植え、坪三〇株植えでも六〇株植えでもよい）ならば、ガス害とか根腐れなんて気にしないですむ。

コムギ跡、それも反収六石に迫る収量をあげた私のコムギ跡の田で、そのコムギわらの全量（反当一・二トン）を田植え直前にうない込んだばあい、ガスわきのすごさが想像できよう。水面には常時アワがふき出ている。手で土面を押さえれば、風呂の中で放屁したようなアワが爆発的に出る。さすがにりっぱに根腐れはおこる。しかし、腐る根は根全体のうちの細い上根にかぎられている。腐ればつぎつぎと新しい根が発生する。そしてガスわきのおかげで土がとろとろとなり、開張に役立つ。

だいたいイネというものは、本能的にガスに堪える性質を持っているものだ。水田という構造上、炎天下では有機物が嫌気発酵するのがあたりまえ、メタンガスがいつもブクブクわいてあたりまえなのだ。その中で育つように、イネは元来生まれてきている。そして、異常なまでに大量のムギわらをすき込んだばあいは、自動的に水面にアワを出して、大気中にガスを放出している。人間と同じ、腹の中にガスがたまれば自動的にＰＵと出るではないか。

とはいえ、イネにとってメタンガスは有益なものではないから、あまりひどいときは軽く干す（中干しではなく、小干し）ぐらいのことはしてやらねばなるまい。

私のイナ作は疎植だから、少々のガス害で根腐れしても気にしていない。ガスがこわくてイナ作ができるか、と応揚にかまえている。

第43図　イネの濃度障害

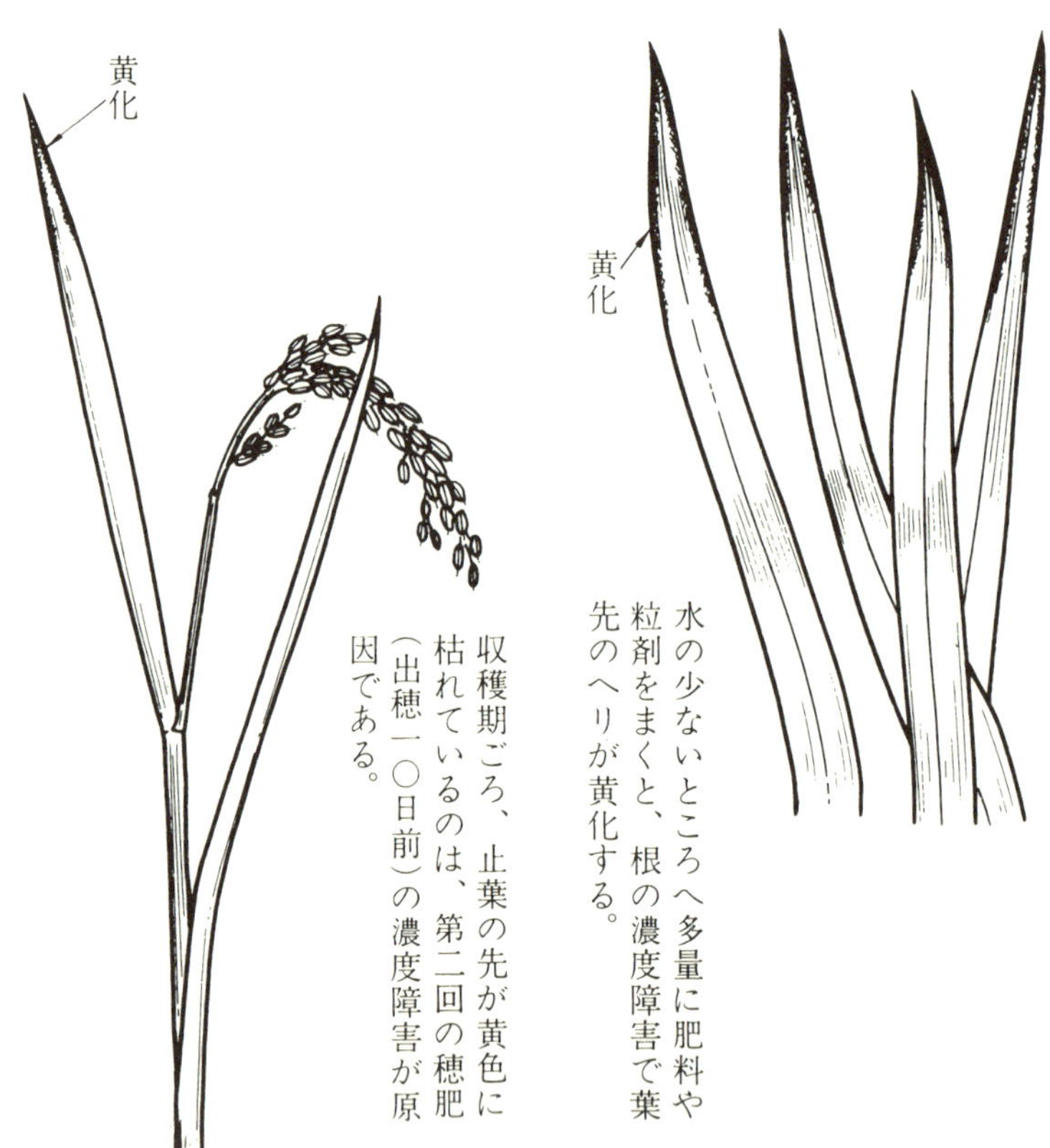

水の少ないところへ多量に肥料や粒剤をまくと、根の濃度障害で葉先のへりが黄化する。

収穫期ごろ、止葉の先が黄色に枯れているのは、第二回の穂肥(出穂一〇日前)の濃度障害が原因である。

濃度障害を水管理で防ぐ

植物の根は、肥料のあるところへ伸びてゆくのが自然である。根のビッシリ張ったところへ肥料をやるのは、根に障害をおこして病気を出させるもとで、これは不自然である。

畑作ではこのことが顕著にあらわれるが、イナ作では湛水するので、水にうすめられて障害は少なくなる。しかし、水の少ない状態のところへ、多量の肥料をまくと、必ず根は濃度障害でやられる。

その障害は第43図のように、葉のフチにあらわれることがある。したがって、追肥、とくに穂肥をやるときは、タップリ水を張ってからまき、肥料を水でうすめなければならない。

防除用の粒剤をまくときも、穂肥をまくときも、ヒタヒタの水の状態でやると根がやられることを考えて、水管理しなければならない。

7 への字型施肥の実際

V字型理論を基礎にした今のイナ作指導をみると、初期に必要茎数を確保する意味で、ほとんどのところで元肥はチッソを正味六キロとしている。また、元肥四キロと活着時の分けつ肥二キロにわけるばあいは、表層施肥の併用となり、元肥六キロを施すばあいよりもなお初期分けつがよくなる。こ

れらの施肥は、いちばんタチのわるいやり方なのだ。こうした元肥を施すと、倒れやすいコシヒカリにとっては、その時点から下位節間が伸びる素質をイネに与えることになるからだ。

V字指導では、有効茎を確保したら、出穂四〇日前からチッソ抑制にはいり、チッソ肥効を極限まで中断する、というけれど、中期にチッソを中断したからといって、コシヒカリはその後、倒れずに立っているだろうか。穂肥をやって色が回復し、出穂期を迎えたころには、どのようなコシでも下位節間が伸びているものである。元肥を多量に施したイネの第四、第五節間というものは、いくら中期にいじめても伸びるものなのだ。

コシヒカリを無肥料で植え付け、出穂四五日前まで待ってはじめて元肥的追肥をやったばあい、イネ全体が短稈に仕上がり、下位の第四、第五節間は伸びなくなる。これが「への字型理論」で、専門機関でもぜひこのテストをやってほしい。への字型コシヒカリはベタっと倒れないのだ。

強調しておきたいのは、「元肥を入れた時点で下位節間の伸長が約束される」のは、今の機械植え太植え密植でのことである。

尺角植えや尺二寸角一～二本植えのばあいは、まったく事情がちがう。こんなばあいは、コシヒカリでも元肥にチッソを正味四キロ入れなければならない（自分の条件に合わせたイナ作で後述する）。

第44図　田植え時期と施肥

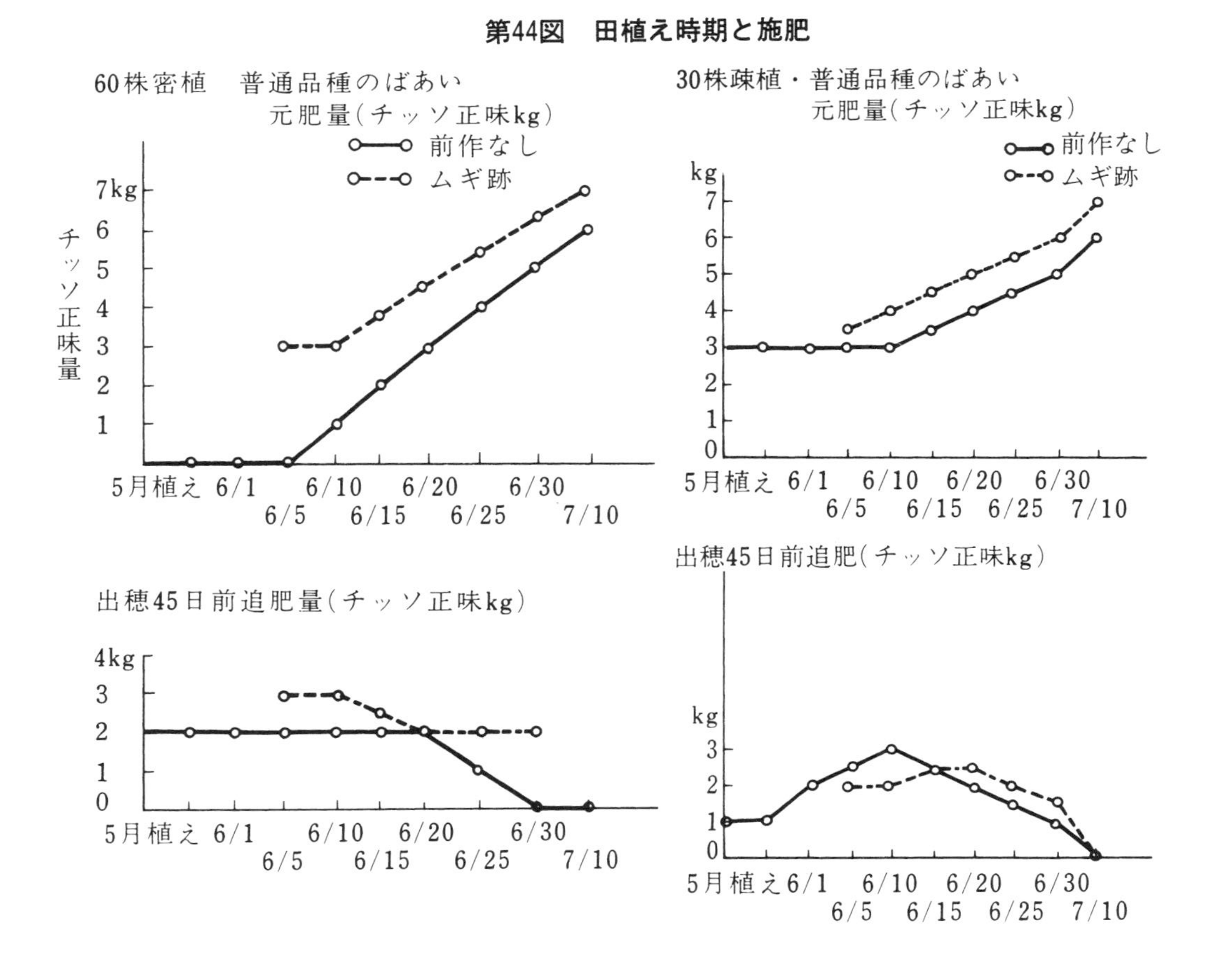

第45図　品種による施肥量のちがい（坪60株植え）

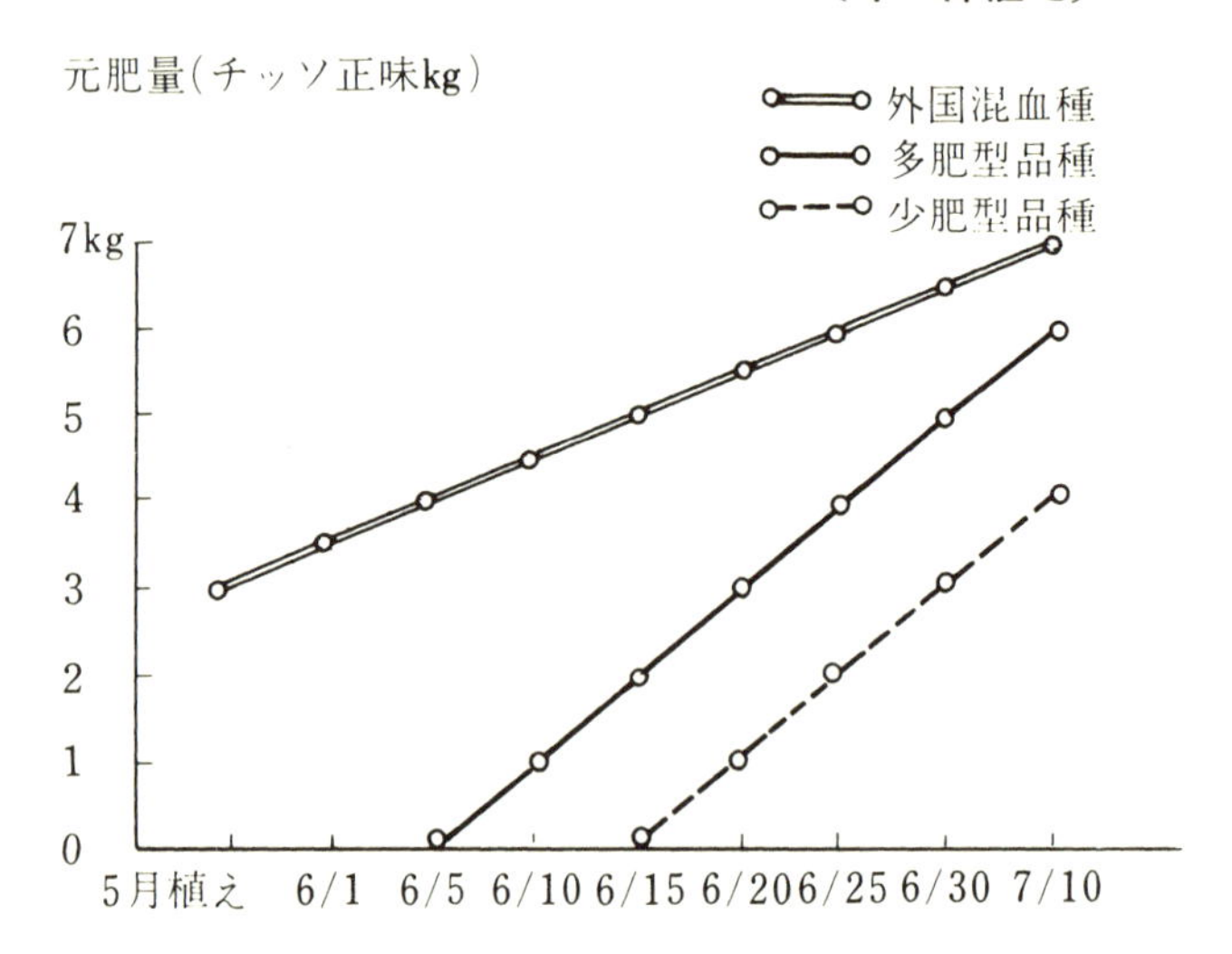

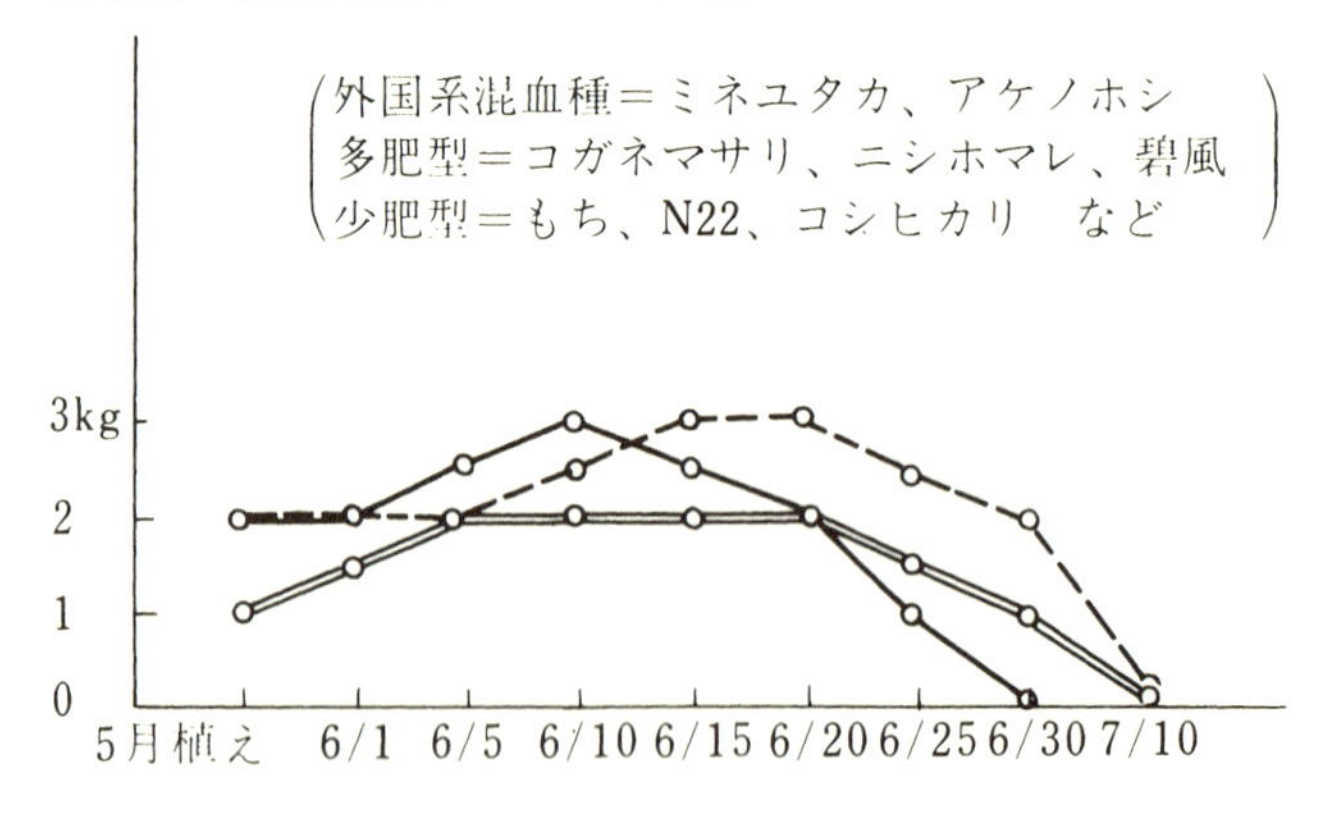

施肥量は条件で変わる

施肥のやり方は、どんなばあいでも画一的にあてはまる方法がある、というものではない。栽培方式によって千変万化である。元肥をどのくらいやるか、出穂四五日前の施肥をどのくらいやるか、あるいは追肥を出穂四五日前と三〇日前の二回に分施するかどうか。これらのことは、田植時期によって大きく異なる。田植時期が早ければ、生育期間が長いので元肥ゼロ出発のほうがよいし、田植えが遅い地帯では、生育期間が短いので無肥料出発でのんびりはしておれない。ムギ跡でも同じである。

また、植付株数によっても大きく異なる。坪当たり三〇株植え以下と坪当たり六〇株植えとでは、疎植は密植にくらべて、二倍の土中肥料濃度が必要となるので、疎植では田植時期が早くても相当量の元肥チッソがいる。この元肥量の多少によって、出穂四五日前の追肥の量はちがってくる。この関係を第44図に示した。この図はじっくりと読んでいただきたい。また第45図に示したように、品種も、前半重点型、中期重点型、終生少肥型に分けられ、それによって施肥量がちがってくる。

なぜ硫安・過石を使うのか

化成肥料万能時代である。高度化成さえやっとけば、すべての成分を含んでいるから気をつかわなくてよい、とほとんどの農家は考える。しかも、コシヒカリ専用化成だとか山田錦専用化成だとかのように、リンサンとカリの含量を少し高めただけのものを「専用化成」だといって、農家をだましている。

単肥イナ作は、高度化成を使うばあいにくらべて肥料代が三分の一に節約できる。これは、効き目が強いために量が少なくてすむことと、単価が安いことによるものである。この点については、前著『ここまで知らなきゃ農家は損する』で徹底的にアピールした。

硫安、過石の単肥には、そのほかにもっとたいせつな効用がある。それはイオウとカルシウムという成分である。

作物の肥料要素のなかでは、①チッソ、②リンサン、③カリ、④カルシウム、⑤イオウ、⑥マグネシウムの六つが大量に必要な要素である。イネのばあい、これらのほかに⑦ケイサンも多量に必要となる。

高度化成は、チッソ、リンサン、カリ、マグネシウムしか含有していない。肝心のイオウとカルシウムはまったく含まれていない。また、高度化成には重金属が含まれる、との説もある。

それに対して硫安と過石を使うと、この二要素が多量に供給される。硫安はアンモニアと硫酸（イオウ）の化合物である。過石にはリンサンのほか、イオウとカルシウムが六〇パーセントも含まれている。過石はリンサン肥料と思わずに、カルシウムとイオウの供給源として考えたほうがよいぐらいだ。

イオウ分は、吸収したチッソをタンパク質に合成するのを助ける役目をする。マグネシウムも同じ働きをするほか、葉緑素をふやすのを助け、水溶性リンサンをつかまえる働きがある。カルシウムは、細胞を活発にし、木を硬くするほか、デンプンを糖に変え甘味をます働きがある。

これら要素のうち、もっともたいせつなのはやはりカルシウムである。茎葉を硬くするのである。カルシウムは、ケイカルやヨウリン、石灰、石灰窒素にも多量に含まれるが、それらのカルシウム（石灰分）は溶解しにくく、イネに吸収されにくい。いわば効かないカルシウムなのである。これに対して、過石に含まれるカルシウムは硫酸カルシウムで、これは硫酸で溶かされた形のものだから、水に溶けて即、イオウと水溶性カルシウムに分離する。ケイカルのカルシウムより一〇倍効くカルシウムだといわれる。水に溶けてイオン化するのである。

こんな理由で、肥料は硫安と過石を重要視するのである。

イオウ分は、大きな利益をもたらす反面、害をもたらすこともある。イナ作では、硫化水素を発生させることで根腐れの原因になるし、畑作では連年多用したばあい、土を酸性にする。今まではこのわるい面ばかり強調されて、硫酸根を含む硫安・過石が敬遠されて、硫安亡国論なるものが流布し、利益面をコロッと忘れていた。

畑作では近ごろ、アルカリ害がひどくて作物が育たないので、硫酸根を含む単肥をどんどん使えばうまくゆく。イナ作では、土中のイオウ不足を解消してチッソの効き目をよくする、など単肥が大きく見直されているのである。

ただし、イネに硫安がよく効くからといって、乱用はつつしみたい。施用量は追肥一〇キロを限度としたい。袋単位で高度化成と同じようにふってはならない。チッソの含有率が高く、効き目のレスポンス（反応）が速いので、イネができすぎになり、病気を招くからである。連年硫安を使うのなら、イネ一作につき二〇キロ以下にとどめたい。

過石は硫安のようなことはない。土を酸性にしない。硫酸（酸性）とカルシウム（アルカリ性）が化合して中性となっているからだ。過石を水に溶かすと酸性を示すが、土に施すと中性に戻る。だから、決して土を荒らしたりしない。

単肥イナ作では、元肥過石・追肥硫安・穂肥尿素のパターンで施肥することを原則としたい。そしてカリ肥料は、よほどでなければ入れないのを原則としたい。カリ分は、天然供給される分とコンバインわら還元で供給される分とで充分だからである。そしてカリをあまり多く施すと、過剰害が出るからである。

同じ単肥でも、石灰窒素は、イナ作には絶対に使わないこと。アルカリがわるい。

出穂四五日前の元肥的追肥は翌日反応

私のイナ作は、五葉ポット苗、六月下旬の田植え、コムギ跡へのコムギわら全量すき込み、一株二本植え、坪当たり三三株植え、などを基本としている。元肥としてムギわら腐熟用のチッソを反当正味三～四キロ、過石を反当一袋で出発。分けつは葉色が淡いのに快調。七月にはいると猛烈なガスわきのため、七月十日ごろには色はきわ立って淡くなる。遠くから一目でわかるほど無チッソ出発に近い。こうして七月十八日（出穂四五日前）までじっとガマンして、小干しガス抜き後、新しい水を入れて硫安五キロか一〇キロを追肥する。

むろん根腐れはおこしている。それなのに、この追肥の反応の速いこと。このときの分けつは一五～二〇本。硫安を入れてまる二七時間後に、ガッと色が出てきた。三日後には、周囲の田よりも葉色が濃くなった。この時点での分けつは二五～三〇本。何と三日間で一〇本の分けつ茎が出たわけだ。このばあい、古い水を落として小干しをおこない、新しい水に入れかえると吸肥力が強くなる。古い水のままだとレスポンスがわるく、あとに肥料を持ちこすことになる。よい苗を一株当たり二本植えして、元肥にリンサンを効かすと、葉色はいくら淡くても分けつはどんどんすすむし、出穂四五日前に追肥をすれば、わずか一昼夜で急速に葉色が出るのである。

目標茎数は坪当たり一〇〇〇本、一株当たり三〇本でよいはずなのに、無肥料出発同様のイネから、田植え後五〇日で、一株当たり四〇本、坪当たり一二〇〇本の茎数がとれてしまった。

暖地遅植え地帯では、穂重型の疎植で、坪当たり一〇〇〇本の茎をとることが夢である。ところが、元肥ではなかなかとれなかったこの茎が、出穂の四五日前の追肥で難なくとれてしまうのである。

穂肥　欲をだして損する

「もう一肥足りなかった」が正解

穂肥というのは、モミの数をふやし、モミの袋を大きくし、穂長を長くして着粒間隔を広げ、上位葉の葉緑素をふやして光合成能力を高め、そして遅発分けつ茎を一人前に育てる、などの目的でチッソ肥料をやることである。

しかし、ここに矛盾がある。モミの数をふやすと、落ちこぼれの不稔モミもふえる。開花授精のときにチッソ濃度が高いと不稔がふえるからである。また、穂首イモチの発病もふえる。上位葉のチッソ濃度が高いと、呼吸作用がはげしくてイネ自身が消耗する。さらに、製造されたデンプンは、イネ自身の維持に消費されるので、実入りもわるくなる。

これらのよい面とわるい面を天秤にかけるとき、今のイナ作では、むやみに穂肥をやりすぎるため、わるい面のほうが多く出ているのが実情である。

イネは、本能としては、自分の体に合ったモミ数の穂を出し、全粒を完全に稔実させようと努力しているのである。だから、地力のある田では、生育管理はイネ自身にまかせておくほうがよいことになる。

これに対して地力のない田では、完全にイネの寿命を全うするだけの力が土地にないので穂肥をやる、ということになるが、たいていのばあい、「秋まさり」という言葉にまどわされて穂肥を入れすぎて、イネの生理バランスをくずしているのである。

きれいなビワ色の熟色、黄金色に波打つイナ穂に仕上げるには、穂肥は今までよりも控えめにやり、刈取り寸前に、「ああ、もう一肥足りなかったなあ、あのときもうちょっと穂肥をふやしとけばよかったなあ」と後悔するぐらいが正解である。穂肥も腹八分目のほうがよい。

腹八分目の穂肥なら、稔実もよいし、第一、穂首イモチの防除をしなくてすむ。モンガレも止葉までかけ上がることはない。

控えめの穂肥で、もう一肥足りなかった、というイネが美しい熟色を出すためには、やはり地力がモノをいうことになる。そして水である。水が不足すればコメは太らない。

早い穂肥は止葉を伸ばして天井をはる

穂肥をやる目的は幼穂に栄養を与えて立派な穂を出させること、モミ数を充分に確保することだが、そのタイミングはつぎのとおり。

①穂首分化期（幼穂の卵が誕生するとき）＝出穂三三日～三〇日前
②幼穂形成期（早い分けつ茎に幼穂が肉眼で確認できるとき）＝出穂二五日前
③穂肥最適期（遅い分けつ茎も幼穂形成するとき）＝出穂二〇日前
④減数分裂期（穂の生長途中でモミの退化してゆくとき）＝出穂一二日前

①のえい花分化期（穂首分化期）にチッソ分を効かすと幼穂の卵が大きくなる。と同時に第二葉も長くなる（第二葉の半分が穂の長さといわれる理由がここにある）。

この時期に株間空間のない過繁茂イネは、出穂三三日前にチッソをやると第五、第四の下位節間が急に伸びて腰が弱くなる。このころ過繁茂でないイネは、下位節間は伸びずにまだ分けつもどんどんつづく。親茎はえい花分化しつつ、子供の分けつがつづくのだ。

三三日前は、チッソ切れならばつなぎ肥（反当チッソ正味量一キロ未満）が非常に有効な時期となるが、チッソ切れはいけない。かといって、この時期、濃緑で最高のチッソ肥効があってはならない。分不相応な大穂になるからだ。

②の幼穂形成期は、一株のうち七〇パーセントぐらいの早い分けつ茎が幼穂を形成する時期で、このときにチッソを効かすと幼穂に栄養を与えて退化を防ぎ、同時に止葉も大きくする。そして一株のうちの三〇パーセントほどの遅い分けつ茎に対しては、幼穂の卵を大きくして第二葉を長くし、茎を一人前に育てる効き目がある。

こういうと、出穂二五日前がもっとも穂肥をやる時期としてよいようだが、何よりも止葉が長くなるので、登熟期に受光態勢を妨げる害のほうが目立つ。品種にもよるが、止葉の長くなりやすい品種は決してこの時期（出穂二五日前）に穂肥をやってはならない。止葉が長すぎると途中で折れ曲がって天井を張り、しゃ光してしまう（第46図）。止葉は三〇センチの長さにとどめたいので、もしチッソ切れならば、つなぎ肥ていどにとどめれば、効果の高い時期である。だから、出穂二五日前の施肥は、穂肥ではなくて止葉肥と呼びたい。

③の穂肥最適期・出穂二〇日前は、一株のうちの三〇パーセントほどの遅い分けつ茎が幼穂形成期にはいるころで、遅発茎だから止葉が大きくなってもちょうどよいので穂肥を打つ最適期となる。早い分けつ茎は止葉の長さが決まったあとなので、長大化する心配はまったくない。また遅い茎は止葉と穂を大きくし、遅れ穂が一人前に育って先発組に追いつこうとする。

この時期ならチッソを反当正味二キロぐらいやっても止葉は伸びすぎることなく、ピンと立ってくれるし、穂がそろうのに役立つ。この時期に穂肥をやれなかったイネは、止葉の葉肉がうすくて葉は立ちづらくなる。

止葉は命葉、止葉の姿で稔実がきまる。直立して三〇〜三五センチの長さがいちばんよい。

④の減数分裂期は、出穂一二日前から一〇日前に生長途中の穂首の二次枝梗モミの退化する時期で、チッソ不

第46図　出穂25日前の穂肥は止葉が伸びすぎて天井を張る

第47図　穂肥量と穂の出方

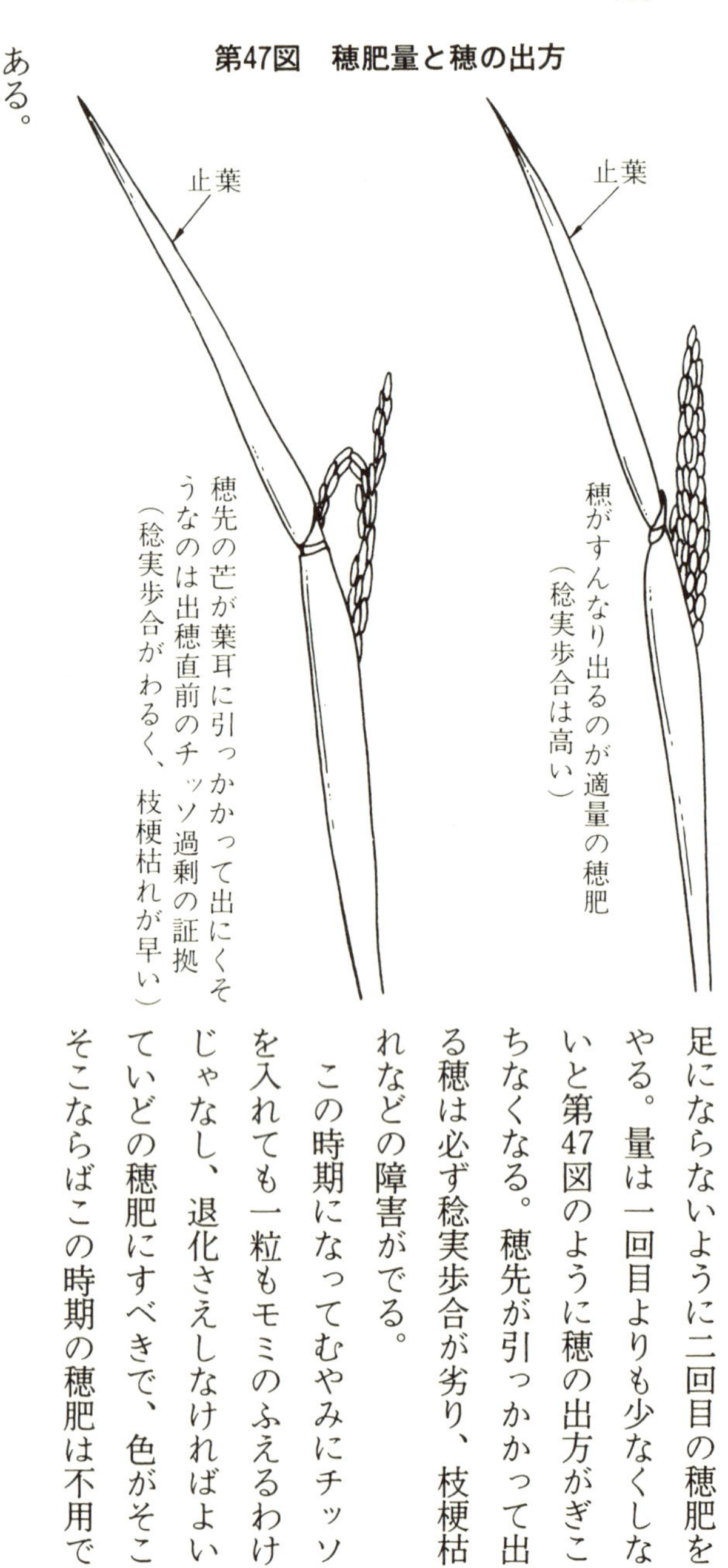

足にならないように二回目の穂肥をやる。量は一回目よりも少なくしないと第47図のように穂の出方がぎこちなくなる。穂先が引っかかって出る穂は必ず稔実歩合が劣り、枝梗枯れなどの障害がでる。

この時期になってむやみにチッソを入れても一粒もモミのふえるわけじゃなし、退化さえしなければよいていどの穂肥にすべきで、色がそこそこならばこの時期の穂肥は不用である。

穂首イモチの原因はほとんどこの時期のチッソ過多であり、止葉の先が刈取り前に枯れる現象も、晩期枝梗枯れも、一〇〇パーセントこれが原因だ。寒地の篤農技術は出穂直前に最高のチッソ肥効を強調してグングン追い込むというが、暖地でこのマネをすると必ず調子がわるくなる。そしてモミガレ細菌病などの稔実障害があらわれるのも、この減数分裂期の出穂一〇日前にチッソを効かしすぎることによるのである。

二回目の穂肥、つまり出穂一〇日前の穂肥は、なるべくやりたくない。出穂期とは、穂が七〇～八〇パーセント出そろったときを基準とする。穂が出はじめるときではない。出はじめから穂ぞろいまで三日は充分かかる。年により出穂期の変動は二～三日はあるが、もし出穂期が三日遅れそうなら、例年の出穂ぞろいから計算した穂肥日より三日ほど遅く穂肥日をきめる。穂肥が遅れるとモミの退化は少しはあるが、かえってそのほうが稔実歩合は向上し増収する。

虫の防除は近所より二～三日早くし、穂肥はみんなより三日遅くする。これが止葉を立てるのにたいせつなことである。

穂肥は尿素がいちばん

穂肥時期はイネが込んでいるので、肥料ふりで肥料粒が葉のつけ根にひっかかると、葉ヤケをおこして病気の原因となる。この点、尿素がいちばん安全。硫安はパッと効きすぎてイモチの原因となり、また長効きしない。

穂肥ふりは必ず田に水を入れてからまく。足跡水ていどでは根に濃度障害が出る。この障害は止葉と第二葉の先にあらわれてくる。黄熟期に止葉の先が二～三センチ枯れる現象は、台風害のほか、肥料の濃度障害があった証拠である。

とくに尿素は四六パーセントもチッソを含むのできついから、タップリ水を張って肥料濃度がうすまるようにしなければならない。なお、尿素を反当三キロや五キロの少量まくことがむずかしければ、増量剤として過石をまぜてふればよい。尿素五キロと粒状過石の五キロ、計一〇キロにすればふりやすい。尿素をまぜるとべとつくので、その日のうちにまいてしまうこと。

深層追肥なら穂肥はいらない

尿素を水にといて土中に注入、これを深追（しんつい）と略して呼んでいるが、実施している方は穂肥はいっさい無関係となる。

無チッソか、ごく少量の元肥で出発。穂肥がわりに尿素を水にとかして注入器具で隔条に、土中一〇〜二〇センチの深層に注入する作業である。土中注入は脱窒や流亡がなく、イネの利用率が高いので刈取り時まで肥効がじっくりと効く。この作業はつらいが、一回でつなぎ肥、穂肥二回分、実肥までカバーするので最終的には省力的となる。

出穂開花のころにやや肥効が下火になり、止葉の長さが三〇センチにおさまれば、登熟のころにはモミがビワ色に仕上がり、大成功。もし刈取り時までまっ黒な葉色をしていたら尿素量の多すぎでこんなイネは葉が黒いのに枝梗枯れが早く、青米がふえて米質と食味を落とすから、量がキメ手となる。

穂肥不用の肥沃な田、牛ふん堆肥や鶏ふんを数百キロ入れた田は深追はしないほうが安全。チッソ過多の欠陥がでるからである。しかし、深追はヤセ地や秋落ち田には格別の増収技術である。

豊作年と不作年はほぼ一〇年の周期のようで、昭和五十五年から深追は尿素量の少ないほうが成功している。深追については、次項にその要領を詳述する。

実肥は暖地には向かない

寒地では出穂後に何回も尿素をやるが、暖地でこのマネをして成功したことはない。実肥をやると確かに茎葉はいつまでも黒くていかにも勢いを感じるが、よく穂を調べると枝梗枯れが早い。枝梗が枯れるとデンプンの行き場がなくなり、葉や茎に蓄えられる。このためいつまでも穂がビワ色にあせない。ワラの栄養価は満点でも米粒の太りに最後の押しがない。

よほどのチッソ切れのイネ以外は、実肥はやらないほうが枝梗の寿命が長くなり粒張りがよくなるようである。これが寒地と暖地のイネの生理のちがいではないか。

肥えすぎ倒伏と稈疲れ倒伏

生育前期（分けつ期）と生育中期（停滞期）にチッソ肥効がかなりよかったイネは、穂肥のやれないイネに育つ。穂肥ごろになっても色落ちがなく、とても穂肥のやれるイネではない、というばあいは、登熟後半にバテることがある。これはとくにコシヒカリなどの倒れやすいイネによくあることで、刈取り寸前の雨で一挙に挫折倒伏することがある。

この倒伏を稈疲れ倒伏といい、肥えすぎの倒伏とはちょっとちがう。稈疲れ倒伏は、生育前期と生育中期に肥えすぎて全体の草丈を長くしたことに遠因があるが、直接には、登熟後半に、根と下位節間を包む葉鞘の活力が急に失われることが原因となっている。つまり、茎全体が疲労して張りをなく

第48図　コシヒカリの多収姿はわん曲倒伏

したようになるためにおこるのである。したがって、稈疲れ倒伏を防ぐには、登熟後半まであるていど茎葉が青味を保ち、イネの体全体に活力を残すように施肥しなければならない。そのためには、やはり地力である。地力さえあれば刈取りまで活力が低下しない。こうした株は、倒伏してもわん曲倒伏になる（第48図）。

稈疲れの大体の原因は、ゴマハガレのばあいと同じで、一度肥えたものがあとでやせすぎて体力を弱らせるためである。はじめから肥えすぎなければ、終わりまで茎葉はしっかりしているものだ。はじめに肥料をやりすぎないつくり方ならば、稈疲れ倒伏などありえないのである。

深層追肥、多収技術の頂点

やせ地では目をみはる効果

田の表層に穂肥をまくと、ビッシリ張った上根が肥料をいっせいに吸う。池のコイにエサをやったようなもので、またたく間に食いつくす。しかし、穂肥というものは、登熟後期までじっくり長く肥効がつづかなければならない。

これに対して、地中に尿素を注入してやると、上根が肥料をいっせいに吸収することがない。また、尿素を使用することによって、地下深く肥料が浸透するから肥効が長つづきする。これが深層追肥である（第49、50図）。

第49図　深層追肥がイネに効く原理

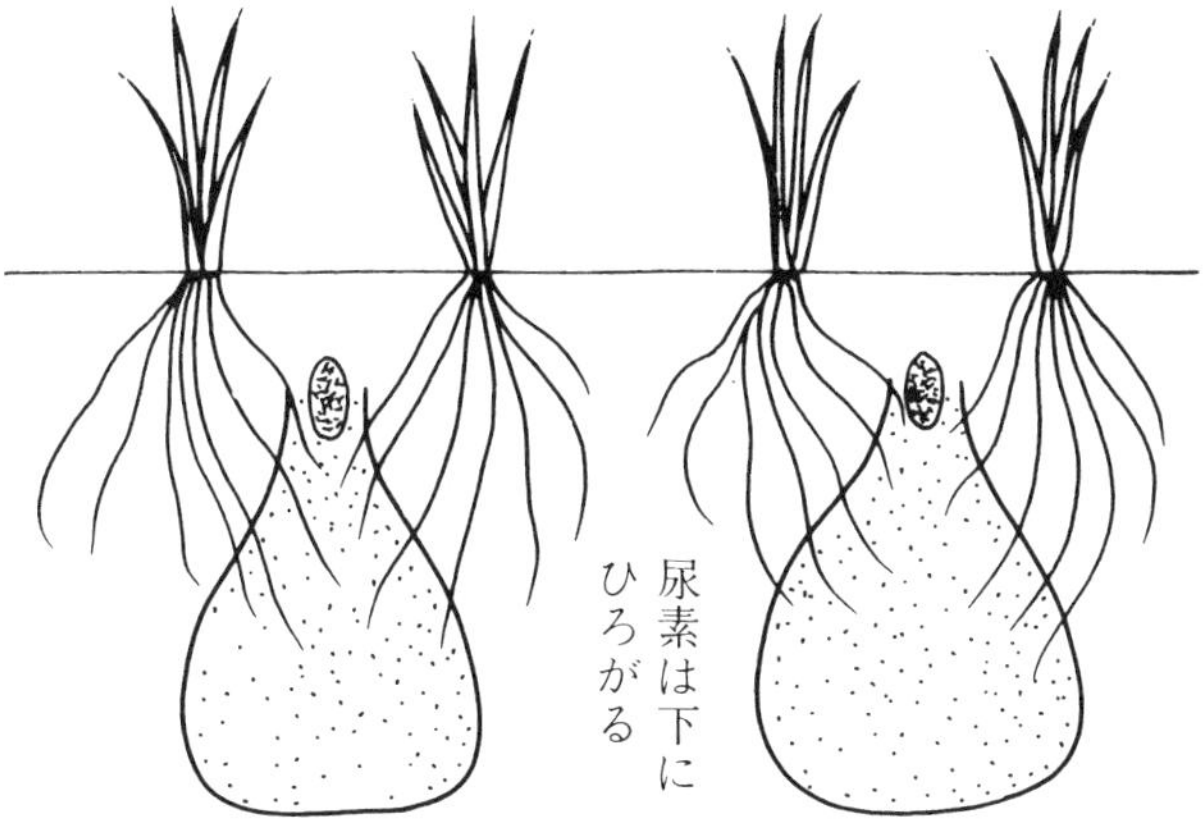

尿素は下にひろがる

有機態の尿素は深追後のかん水によって下部に拡散浸透する。２日後にアンモニアに変わって土に吸着される。根は下に伸び，肥料分を求めてどんどん伸び肥料を探し求める。少しずつゆっくり地力的に吸収される。チッソは損失がなく，刈取りまで長もちする。

深層追肥（深追（しんつい））のすぐれた点は、

①チッソ成分の脱窒と流亡がないので肥料代が安くてすむ。
②深層に根を誘引して根張りをよくする。
③秋落ちを防ぎ肥効を長つづきさせる。
④無効分けつを有効化し秋まさりに育てる。
⑤着粒数を著しくふやし、粒張りをよくする。
⑥短稈に仕上げ、倒伏に強くする。

このような特長は非常に顕著にあらわれるが（第51図）、欠陥もある。その欠点は、

①作業が重労働である。
②使いやすい優秀な機械がない。

第50図　深層追肥と表層追肥のちがい

	深層追肥	表層施肥
イネのチッソ利用度	イネのチッソ利用度は砂地で50%，粘土質で90%といわれる。 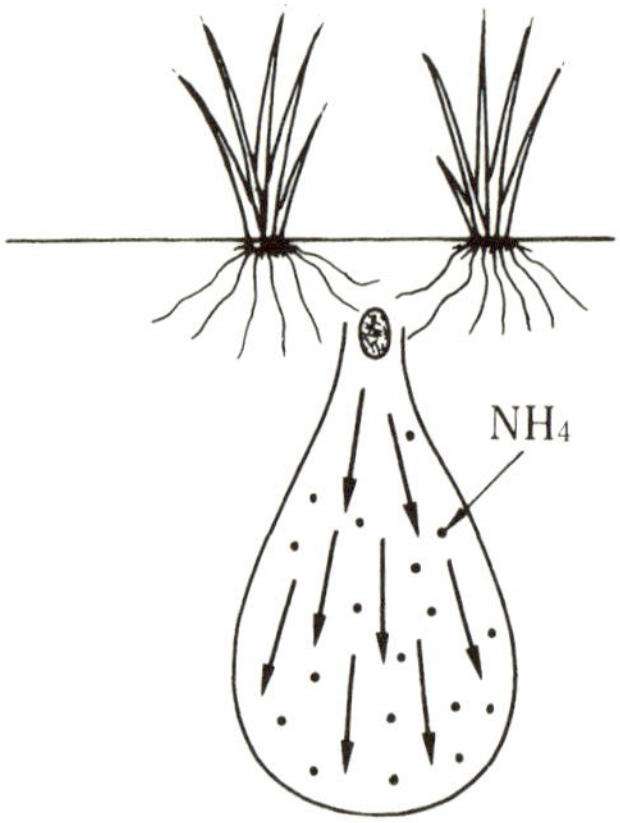 NH4 尿素は土に吸着されないから下にさがる。2日後にアンモニアに変わり酸素がないので硝酸化しないで安定する。イネの根が食いつくすまでどこにも逃げない。	与えたチッソの30%くらいしか利用されない。脱窒現象で，空中に単体のチッソとなって飛ぶ。 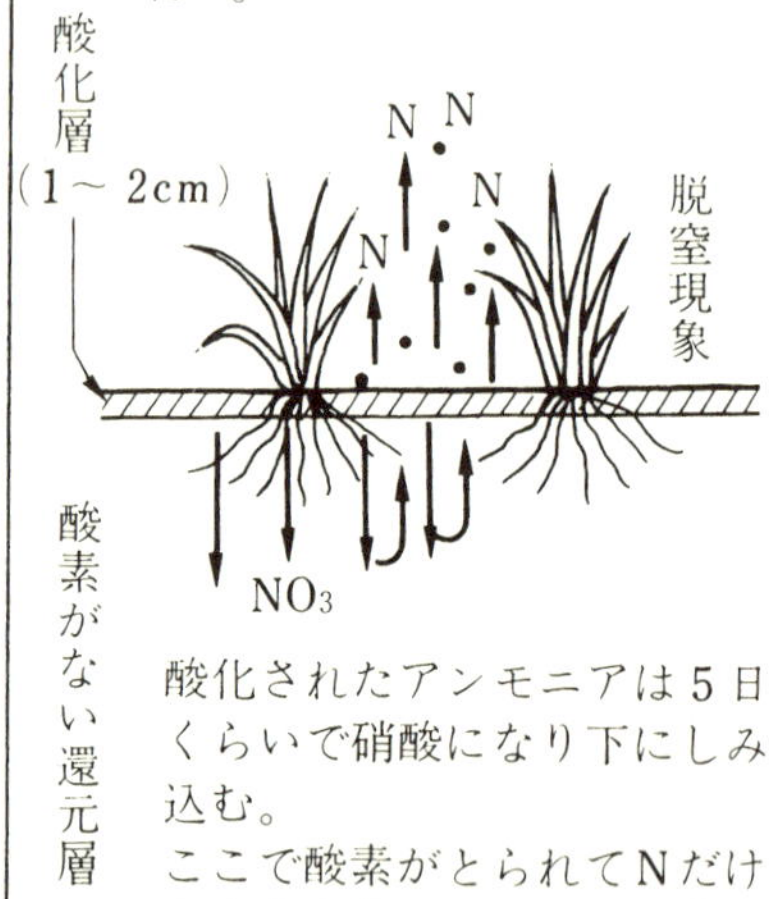 酸化層（1～2cm） N N N N 脱窒現象 NO3 酸素がない還元層 酸化されたアンモニアは5日くらいで硝酸になり下にしみ込む。 ここで酸素がとられてNだけとなり空中へとんでしまう。 表層施肥は酸化層ですぐパッと効くが，食い余りは硝酸化して損失する。したがって，少量ずつの分施でなければ不経済となる。

③流亡がないため肥料過多に陥りやすい。
④青米がふえるので米質をわるくする。
⑤食味をわるくする。

第51図　深追のイネ（左）と表層穂肥のイネ（右）

同じ高さの田んぼで品種も同じ（アキツホ）だが，イネの高さがこれだけちがう。反収は５石と３石。

⑥肥沃田ではチッソ過多となりやすい。

とにかく、深追はやせ地や秋落ち田にはすばらしい増収効果があるが、元来、穂肥をあまり必要としない肥沃田では、深追による弊害のほうが多く出ることがある。

イネを充分観察して、肥料の量、そして施肥の時期を誤らなければ、深追方式は増収のキメ手である。

深追のやり方のポイントを第3、4表、第52、53、54図に示した。

深追イネには元肥も追肥もいらない

普通の田植機イナ作で密植するばあい、完全無肥料で出発し、決して分けつ肥も追肥もやらないことである。淡い葉色で分けつの少ない淋しいイネにしなら、深追方式は成功する。深追時期は、無肥料でもよく生育して目標茎数が八

第3表　深層追肥の実際（密植と疎植とではどうちがうか）

	密　　植（坪50株以上）	疎　　植（坪50株以下）
元肥	分けつ本数を考えなくてもよいから，出発は必ず無チッソとする。リンサン，カリ肥料は，過石1袋，塩加5kgぐらいは入れておいてもよい。	ある程度の分けつがほしいから，元肥は硫安10kgくらいを使う。リンサン，カリ肥料は少しぐらい入れてみる。
深追時期	出穂35～25日前。いつでもよいが，やるときはイネが淋しくて困る状態のとき。最もよいのは出穂33日前。かなり茎数がとれていれば25日前。	出穂30～25日前。土地が肥えていたり，元肥がやや多いときは，25日前まで遅らせる。
深追尿素量（反当）	尿素6～15kgを水に溶いて注入。水もちのわるい砂地田は多く，水もちのよい粘土質田は少なくする。時期が早ければ多く，遅ければ少なくする。	出穂30日前なら10kg，25日前なら8kg。早くやるときは多く，遅れるにしたがい少なくする。イネのでき方で量を加減し，多すぎるより不足ぎみのほうが安全。
注入液量	1筋おきに約50cm間隔で注入。1回に10ccずつ注入できるように器具が調整されている。これで反40 l。	疎植のばあいは4株のまん中にひとさし10cc。尺角ならば反30 l 必要。
所要時間	手動器具で反当2時間。動力式ならば反当30分。50 l。	手押しでは反当1時間20分。動力では反当30分くらい。50 l。

第4表　注入の深さと効く速さ

土中6cm	3日後
〃　10cm	5日後
〃　15cm	7日後
〃　20cm	10日後

- 下葉から順々に色が出てくる。注入が浅いと早く出るが長もちしない。深いとゆっくり長く効く。
- 寒地は10cm，暖地は15～20cmの深さがよい。早生ほど浅く，晩生ほど深くというのも原則。

第52図　尿素液のつくり方（10kgの尿素を40l液にする例）

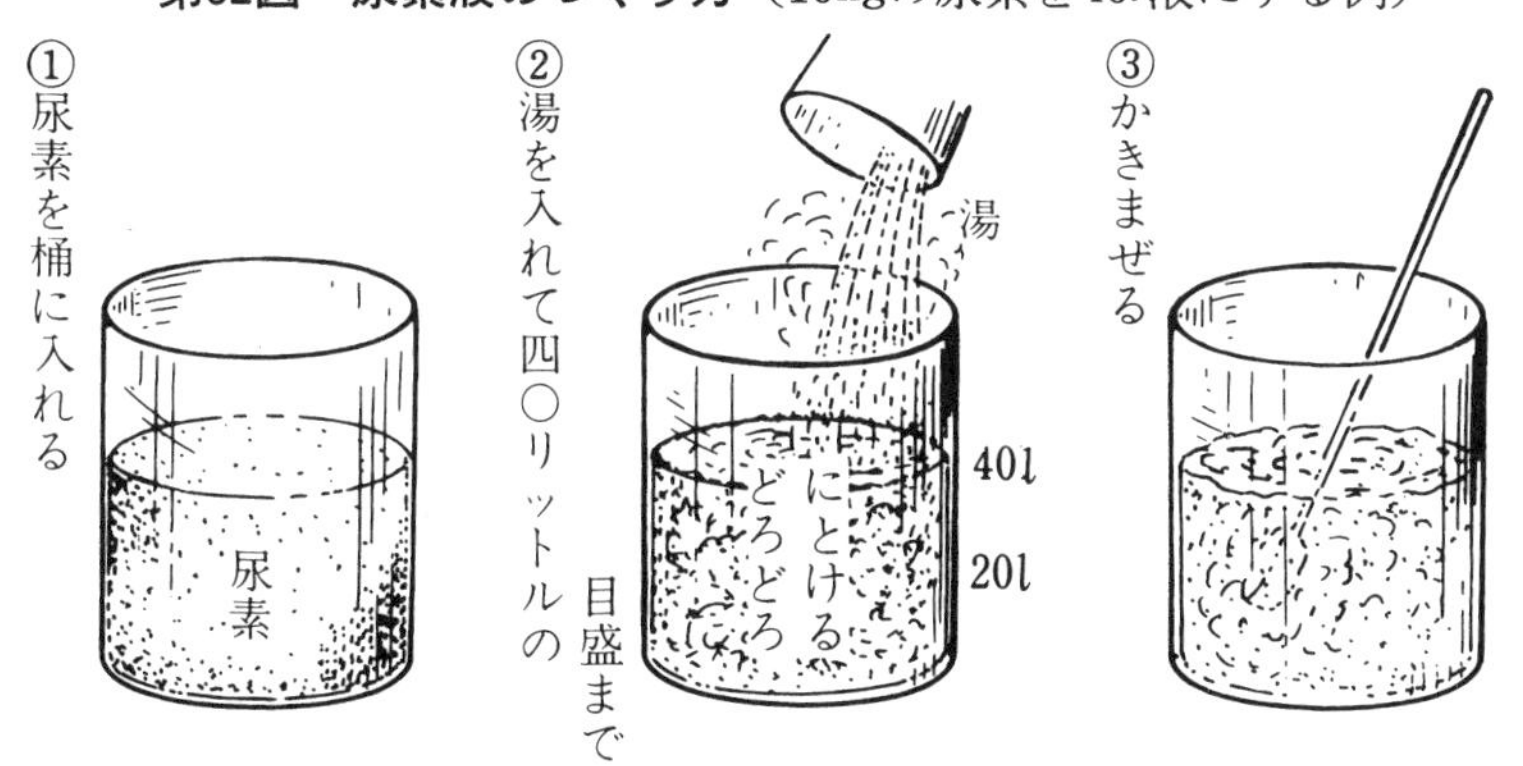

湯（80℃）ならすぐ溶ける。水で溶くと溶けるのに２日くらい日数がかかる。溶いた液は放置しても変質しない。

第53図　注入方法

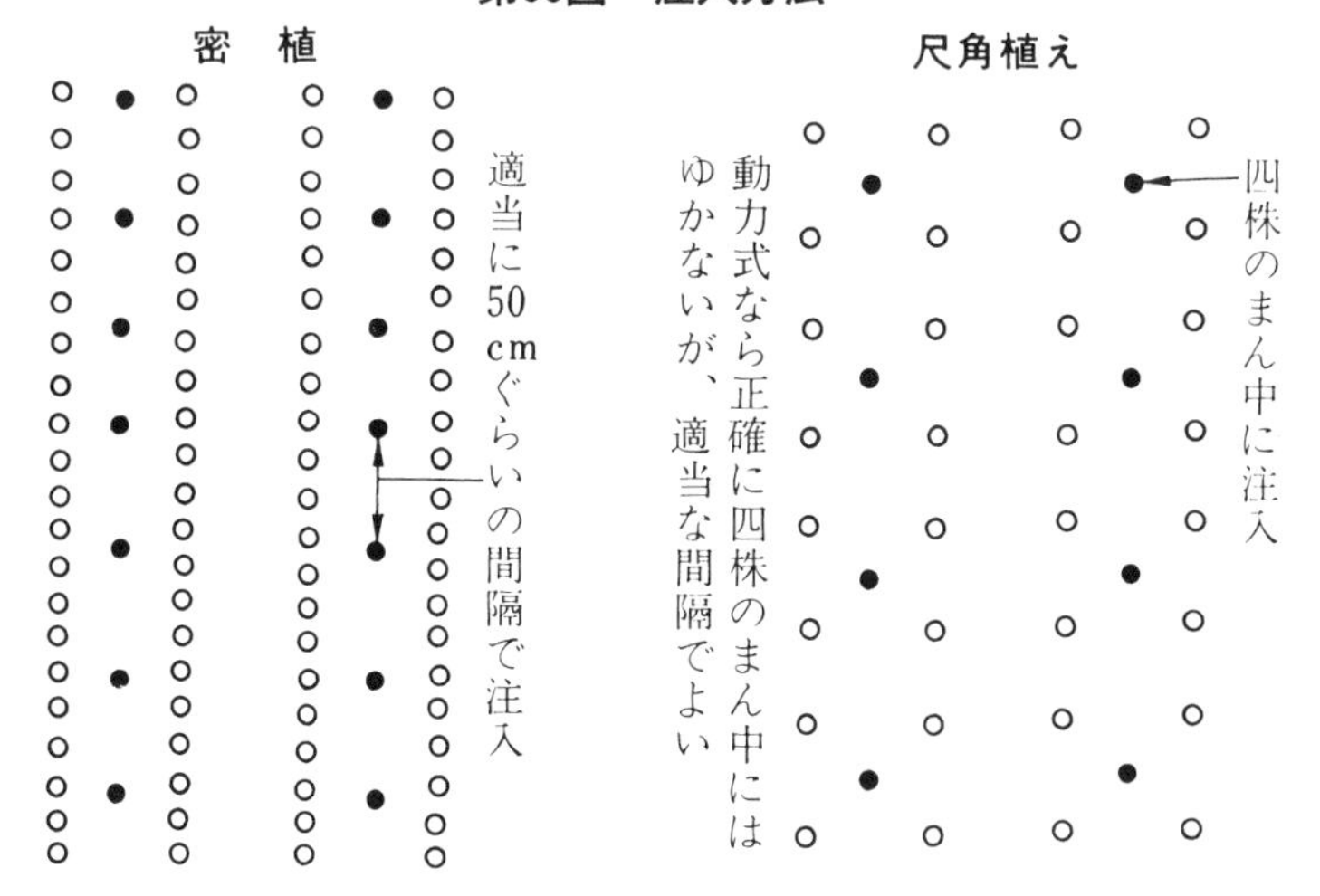

第54図　深層追肥の方法

動力深層追肥機

手動による深追作業(出穂25日前,色あせたところ)

2条一挙につきさす

〇パーセントとれていたら、出穂三三日前。三三日前まで待てないような、ごくやせたイネなら、四五日前か四〇日前でもよい。

このばあいの深追量は、出穂四五日前なら尿素現物量で一〇～一五キロ。三〇日前ぐらいになると六～一〇キロと、時期がおそくなるにしたがい、量を減らす。

尺角疎植なら穂肥用に深追する

尺角疎植は、元肥無肥料出発はできない。少なくともチッソ成分で四キロは入れないと茎数がとれない。このばあいは、草出来がわるければ出穂四五日前につなぎ肥を表層施肥し、穂肥として尿素深追をする。深追は注入してから効くまでに五日～一週間かかるので、穂肥のための深追ならば、出穂二五日前が最適である。量は尿素現物で六〜八キロにとどめること。

深層追肥すると出穂期には、止葉は三〇〜三五センチに伸び、二葉は五〇〜六〇センチになっている。穂長は二葉の二分の一の長さが標準だから、二五〜二八センチ。表層追肥したばあいと異なるところは、穂の着粒状況である。一穂に二〇〇〜二五〇粒はひとりでにつく。そして出穂後に、深追したスジが黒くなってきて、このスジに深追した、ということがはっきりわかってくる。

分けつは穂重型品種で坪当たり一〇〇〇本か一一〇〇本で充分。これで坪当たり一四万粒（限界点）のモミ数が確保できる。稔実歩合が寒地なみの九〇パーセントならば、反収一四俵、ところが暖地では絶対に八〇パーセントを下回るので、七五〇キロぐらいの反収が精いっぱい、といったところ。

もし、欲を出して坪一二〇〇本の茎数をとったとしたら、坪当たりモミ数は一五万粒を超え、限界点を超えて一度に反収四石に落ちてしまう。これは受光態勢がわるくなり、しかも過繁茂になって、下葉が枯れるからだ。

反別の少ない人は毎条深追を

二〜三反の趣味イナ作の人は、液を二倍にうすめて毎条深追することをおすすめする。五〜六反の人は毎条はちょっとしんどい。しかし、二〜三反の趣味イナ作のお方は、たいていイネをかわいがりすぎて初期生育がよくなっているため、深追に向かないイネになるようだ。

深追は、どちらかといえば横着なイナ作農家のほうが適している。一町歩以上つくられる農家は動力深追機にかぎるが、キメ手となる機械が出現していない。

深追は尿素以外はいけない

深追には硫安は絶対にダメ。尿素だから地下にしみ込むのであって、尿素以外の単肥は決して地下にはしみ込まない。尿素以外の肥料は深追したところにかたく吸着されてしまい、長効きしないし、表層施肥とあまり変わりばえがしないからである。

深追に昔は硫安団子や、固形肥料を埋めこんだ時代があった。これは脱窒現象を防いでチッソの利用度を高める以外に意味はなく、下部にしみ込まないので根を下方に引きずり込む効果はない。

表層追肥による穂肥でも、上手に水管理をして尿素を下にしみ込ませることができたら、たとえ表層でも深追に似た効果が期待でき、地力的にチッソを効かせることはできる。

くれぐれも、穂肥には硫安は使わないようにおすすめする。

深層追肥にも欠点がある

多収技術としての深追にも、大きな落とし穴がある。その失敗例はつぎのとおり。

①深追時期になおチッソ残効があるばあい

深追の時期は、えい花分化期の出穂三三日前が理想的、といわれている。

この理想的時期をねらって、チッソの残効があるのにおかまいなく尿素を一五キロもやった人は、必ずといっていいほど失敗する。

つまり、分けつが再びはじまって茎数過多となる。稔実歩合が五〇パーセントぐらいに低下。モンガレが後期に一気にかけ上がる。クズ米がすごく出る。米はまずい。ということになる。これなら、表層でうまく調節しながらＶ字型イナ作をやるほうがまだまし。

深追時期は、いつでもよいが、チッソ残効があるばあいは、葉色がさめるまで気長に待とう。深追のおそい時期の限界は出穂二五日前である。二〇日前になってやっと色がさめたのなら、表層穂肥に切りかえる。

②水管理による失敗

深追で成功するのは、水のかけ引きが自由にできるばあいである。何でもかんでも深追が増収のキメ手、と宣伝されるフシがあるが、よく考えなければならない。

第55図　深層追肥は水管理によって効き方がちがう

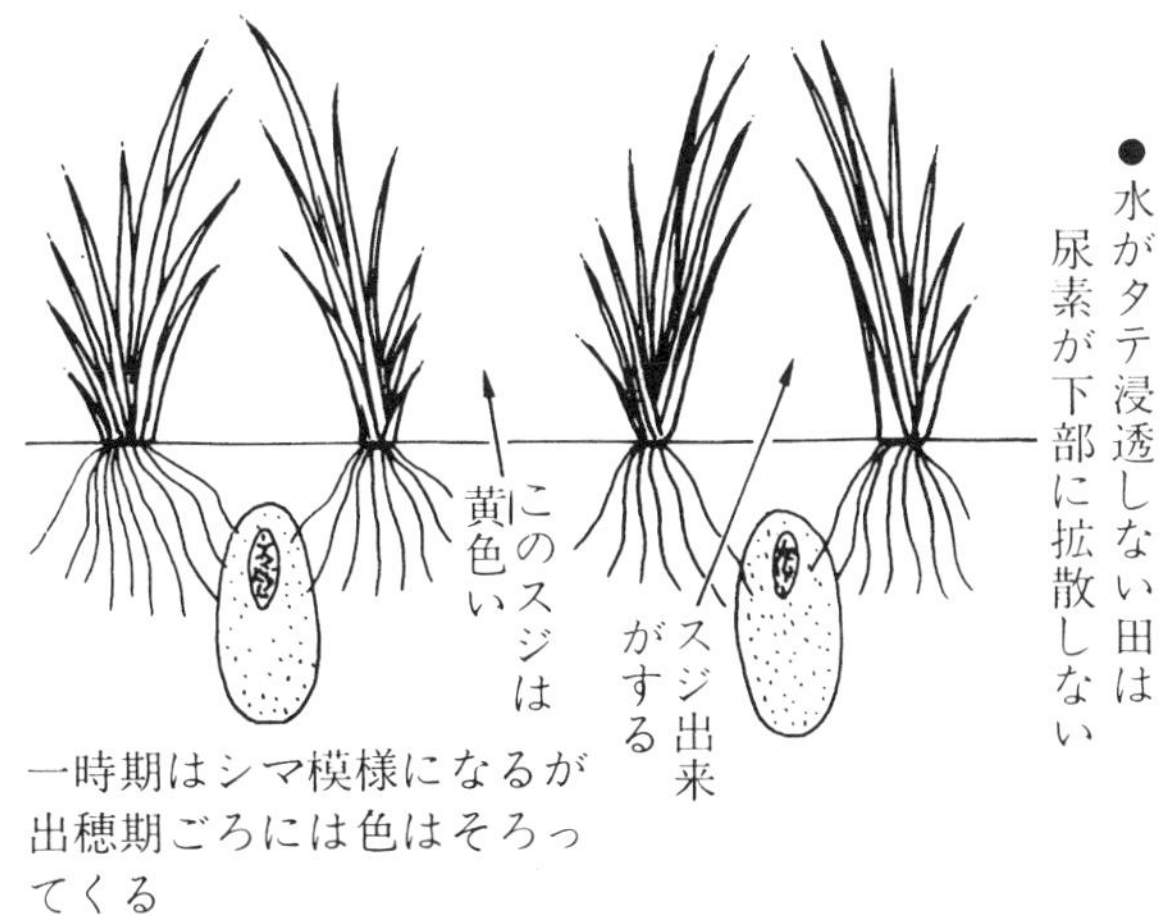

注１．中干し後深追し，その後水を３日以上入れなかったばあいも上の図のようにシマになる。

注２．タテ浸透のよすぎる砂地田は速くしみ込みすぎて流亡が多い。尿素のまま逃げたり，酸素が多くて硝酸化し，地下に流亡することもある。だから，水管理は田を干しすぎないよう気をつける。せっかくアンモニアに変わって，地下に吸着されても，酸素があると流亡しやすい。

注３．深追田は秋に呼吸作用がおう盛で活力があるので，水を切らしてはいけない。

深追は「地力的にイネをつくる」というのが原則。水管理が思うようにゆかず、スジできになったばあいは、深追してないスジに両手で表層追肥をして、ムラ直しの必要がある（第55図）。

皮靴で田の中にはいれるほど中干しをした田は干害である。深追機も硬くてはいらないし、尿素液は地下にしみ込まない。イネはスジ出来になってシマ模様がなかなかおらない。黒く巨大な穂のスジと、黄色くみすぼらしいスジと、一スジおきにガタガタイネになって収量は上がりにくい。

③深追量過多による失敗

深追尿素量は反当たり一五キロ以下というのが標準量のようで、チッソ正味で七キロという多量のチッソに当たる。

土質をよく考え、やる時期をよく考えてほしい。遅い時期や早生のイネに一五キロの尿素は無謀である。粘土質の田にも一五キロは無茶である。こんな無茶な量を入れると、イネはたしかにスゴイものになる。二葉は六〇センチ、止葉は四〇センチに達し、巨大な、ホレボレするような穂を出すが、楽しみは傾穂期まで。収穫前には止葉は途中で曲がってなびき、二葉以下は陰になってデンプン製造工場の仕事をしなくなる。

こうなると反収一〇俵どまり。クズ米が反当たり二俵も出ては失敗。こんなチッソ過多のイネにかぎって、モンガレが刈取り直前にババッとかけ上がり、刈り取るころは止葉一枚しか生きていない、というハメに陥る。ウンカやイモチの心配もある。

④コシヒカリの深追は慎重に

コシのばあい、暖地の短期栽培では、深追はチッソ過剰の傾向にするので、やらないほうがよい。コシは終生チッソ全量五キロまでで充分な品種だからである。

⑤地力のある田に深追は失敗のもと

牛ふん、鶏ふんの多投田には深追はこわい。いつでも、どこでも、寒地でも、暖地でも、深追は多収のキメ手ではあるが、これは地力的に効かせてこそ、の話で、地力がもともと充分にある田では深追の必要のないことは論をまたない。とくに暖地では、晩期チッソ過多はだめだ。

穂肥と食味、うまいコメをねらうなら

穂肥の効いたイネは、必ずコメの味はわるい。その代表的なものが深追イネである。そして、尺角一本植えの豪快なイネもコメの味は劣る。とにかく穂肥がよく効いて、刈るときになお青々としているイネは、例外なく味がわるい。

これはチッソ成分がタンパク質に同化され、コメ粒の中心部に蓄積されるからである。白米のタンパク含量が低いほど、食味はよいとされている。品種によってもこのタンパク質含量は異なる。また、タンパク質だけでなくデンプンも、品種によって糊化しやすいものとそうでないものとがある。むしろこちらのほうが、コメの粘り、すなわち食味には関係が深い。いずれにせよ、うまい品種といわれ

るコシヒカリにしても、穂肥の効いたものは味は少し劣るのである。

コシヒカリの含有タンパク質は六パーセント、普通品種は七パーセント台、超多収米や多肥でなければ育たぬ品種は八～一〇パーセントの含有量である。このことから、多収穫品種は食味がわるく、倒れやすい品種は食味がよい、ということが裏づけられると思うが、つまりはチッソ肥料を多くやるか、やらないかのちがいである。

このほかに、コメの食味をよくするには、カルシウム、マグネシウムの含量の多いほど、すなわちミネラルの含量の高いほどよい、とされている。

コシヒカリを、さらにおいしく、芸術的な味に仕上げるには、

①穂肥をやらないこと。

②つくりを小出来にして倒伏させないこと。

③過リンサン石灰を追肥して、カルシウムの吸収を多くすること。

④マグネシウム（苦土）含量の高い肥料（硫酸マグネシウム）を元肥に入れること。

などがあげられる。自家保有米用のコシヒカリをこのように育てれば、一年中、めしを食うのが楽しみになる。

また、日本人のコメばなれを防ぐにも、穂肥を控えた「うまいコメづくり」にはげまねばならない。

8 ピタリ効かせて減農薬

イモチとモンガレはチッソ抑制で防げる

冷水がかりの田ではイモチの心配が、暖地の過繁茂田ではモンガレの心配が、それぞれつきまとうが、いつも若竹色のイネを育てていれば、この二つの病気は発病しないものだ。

モンガレ予防にクレオソート灯油が効果のあることは、古くから知られている。しかし、私は一度もこれを試したことはないし、今後もいっさい使う気はない。それは、イネと人間への害がひどいからだ。クレオソートは素手でさわるとひどいヤケドをする。イネにかかるとイネは枯れる。こんな危ないものを使う気になれないではないか。ビニール袋にクレオソート五合と灯油五合を混合して入れ、小さい穴をあけて田んぼの中を引きずる。という簡単な作業をしても、水口につるして滴下しても、水口付近のイネは枯れるし、田にはいれば足が赤く腫れ上がる。ゴム手袋も溶けてしまうぐらいだ。

確かにウンカの幼虫は死ぬし、モンガレ防除の効果はあるが、クレオソート灯油処理だけでは、モンガレは止まらないのだ。

本当にモンガレがこわいのは、穂ばらみ期以降である。しかし、この時期には、クレオソートでは

第56図　防除のやり方

ウンカ退治は量をタップリと（同じ田を往復する）。ナイアガラはホースを水平に（エンジン回転で調節）。

中部まで届かない。草イネ当時のモンガレはどうでもよいのであって、本当にモンガレ防除したいのであれば、出穂一五日前にバリダシン粉剤を散布するにかぎる。

草イネ時代は、若竹色のイネならば、モンガレは発病しない。出穂一五日前ごろは、穂肥をやりすぎなければモンガレはでない。過繁茂を避け疎植することで、モンガレは伝染しなくなるのである。キタジンP粒剤は、後半のモンガレを抑える効果がある。

ただ、外国系イネの血のはいった多収品種と、ウイルス抵抗性品種は、若竹色に育ててもなおモンガレが出るから、観察が必要である。

ウンカ退治には量をタップリと

粒剤でのウンカ退治は、反当三キロではほとんど効果がみられない。そして、イネが大きくなるにつれ、五キロ、六キロとふやさなければ効いてくれない。粉剤のばあいも同じで、草イネ時代は三キロまけば充分ゆき渡るが、八月にはいると六キロ以上まかないとウンカは根絶できない。

中途半端な薬剤施用では、逆にウンカに抵抗性をつけさせ、よけいにウンカを発生させることがあるから、どうせやるなら、薬剤が効くときに、効く薬をタップリとやりたい。

私のばあい、ウンカ用の粉剤をまかなければならない年は、増量剤（かさあげ）として安い単剤を混用して、風のない夕方に、反当六キロ以上をまくことにしている（第56図）

増量用の安い薬剤としては、バッサ、バイジット、クミホップなどがある。これらは三キロ当たり六〇〇円見当である。

このことについては、前著『ここまで知らなきゃ農家は損する』（農文協刊）で詳述したので、重複をさけることにする。

秋ウンカの発生を探知するには、田のまん中にヒエを二〜三株残しておくとよい。秋ウンカはヒエに群がるから、ときどきこのヒエを観察していれば発生状況がわかる。雑草のヒエもウンカ探知器として役に立つわけである。

なお、秋ウンカ（トビイロウンカ）に対しては、イモチ防除用の粒剤フジワンとかキタジンPをまくと、大発生を抑える効果がある。これらの薬剤は、オスの生殖能力をなくすからだ。穂イモチ防除としてフジワン、キタジンPを六キロまいた田には、秋ウンカ防除の心配は少ない。

仕上げ防除は薬効より薬害がこわい

せっかく豪快な秋まさりイネに育てても、穂ぞろい以後の最後のツメの段階でドツボにはまってはならない。それは、「仕上げ防除」というつまらない作業のことである。

心配しなくても、根の強い秋まさりイネは、穂をたれるほど美しいビワ色、コガネ色に輝いてくるもので、イモチも、モンガレもない。

イモチ防除の徹底で収穫皆無もおこる

北海道のイネは、葉鞘褐変病やモミガレ病などの穂枯れ症状が、涼しい年ほど多いそうだ。これは、北海道のイナ作がイモチ防除に神経を使いすぎ、イモチの出る前兆もないのに、むやみやたらと防除をするからではないか。予防だ、とかいって村ぐるみで航空機で出穂期前後にかけて、ジャンジャン頭から毒薬を何回もふりかけるからではないか。粉剤をまいてそれが朝露にぬれると、完全な葉面施薬となり、即効いてくる、いや効きすぎるのだ。雨が降れば「薬が流れた」とばかりまたかける。そこで、また効きすぎる。こうして粉剤をかけるたびに、薬効に優先して薬害が出てくる。毒はよく効くが薬は効きにくい、の世のたとえのとおりである。出穂前後に三～四回も徹底して粉剤をかけると、穂は無残にも枯れてしまい、収穫皆無になることさえある。

北海道のモミガレ病は、病原菌のせいではなく、イモチ防除の徹底による薬害の仕業である。

この話は、何も北海道にかぎったことではない。北海道は防除が徹底しているから薬害も徹底しているだけで、大なり小なり、暖地でも同じ過ちを犯している。

私も、過去何回かこの経験をした。穂ぞろい期は頭から粉剤をかけるのは何となくかわいそうなので、早めに大はらみ期（出穂四〜五日前）に穂イモチとツマグロヨコバイの防除をかねて混合剤をやったものだった。ところが、穂ぞろい後、どうも穂キズ（不稔粒）があり、普及所や先進篤農家を呼んで見てもらうと「君みたいに多収穫を狙ってツツ一杯にイネをつくると、そりゃ何かかんか病気みたいなものは出るョ」と片づけられてしまう。それはそのとおりにちがいない。

よく観察すると、大はらみ期のイモチ粉剤散布が原因だった。人間の妊婦同様、大はらみ期がいちばん外的要因に敏感で、薬の成分が即、穂の幼モミに浸透することを知った。モンガレ防除にモンゼットという薬剤のあったころ、大はらみ期にこれをやって青立ちになった経験も二〇年前にある。これを思い出した。

ウンカ退治の単剤でも害になることがあり、イモチ薬はもっとこわい。かけ忘れたところはきれいなので、はっきりそれとわかった。高温残暑の年は、粉剤の薬害がさらに増幅されるようである。

薬は病気になってのむもの

イモチも出ていないのに、また、出るおそれもない健康なイネに、なぜ予防をする必要があるのだろう。病気が出てからでは手遅れで、出る前に予防するのがたいせつ——それもそうだろう。これを否定するわけではないが、薬というものは病気になってはじめて飲むもの。それでこそ薬なのであって、健康な人が糖尿や高血圧の薬を予防の目的でジャンジャン飲むことがあるだろうか。元来、薬というものは薬効のある反面、大きな毒（副作用）があるのが常である。

イモチ予防効果よりも、優先的に薬害が出るのなら、いっそのこと、イネに好きなようにイモチになってもらったらよい！　好きなようにイネにまかせとけばよい。

深層追肥にしろ、表層追肥にしろ、穂肥の量を減らして健康なイネに育つように管理してやることのほうがたいせつである。

どうしてもイモチが出る予感があれば、粒剤のイモチ薬剤を反当五キロばかり、出穂一五日前ごろにまいておくほうがマシだ。秋ウンカやモンガレもついでに防いでくれるから。

除草剤は初期剤を中期に

セリ、ウリカワなどの強害雑草がふえたこのごろ、一発処理剤も効き目がなくなった。一発処理剤（オーザ、クサカリン、シルベノン、ワンオール、ヨートル、グラノックなど）では、中期以降にウリカワが生えてくる。一発処理剤なんて、水管理がよくても高いばかりでさっぱり効かない。

私はこれらの対策として、初期に安いＭＯ、ショーロンなどを使い、中期に初期用のクサポープ、中期用のクサノックなどを使ってみた。こうすると、強害雑草は一本も生えない。中期除草剤は、えてして薬害の強いものが多いので、中期に初期用の除草剤を使うと成功する。

時期としては中期でも、田に一本も草が生えていないならば、初期の状態と同じである。初期用の一発剤でもいいから、やや少なめ（反二キロていど）に使えば、草は一本も生えてこないし、分けつの抑制害もない。やはり、一発処理剤を初期に一回まいただけでは、強害雑草の防除はムリのようだ。

⑨ 品種をボケさせないタネとり法

タネとりは親穂をさけて一穂から

私は一穂からイネのタネをとっている。その品種の特性を備え、止葉が直立して姿がよく、病気がなくて稔実歩合が高いイネから、たった一本の穂を抜きとって保存する。そのばあい、親穂はさける（第57図）。

親穂をとると、品種がぼける可能性が高いからである。純粋な系統を維持するには、親穂のつぎに大きい穂を選ぶことである。

この穂を春にまくときには、穂の先三分の二を手でしごきとって使う。穂首三分の一は、モミが小粒で、二次枝梗の青モミが多いからだ。

第57図　タネとり（コガネマサリ）
親穂をさけて1穂からとる（1本植え1株の分解）

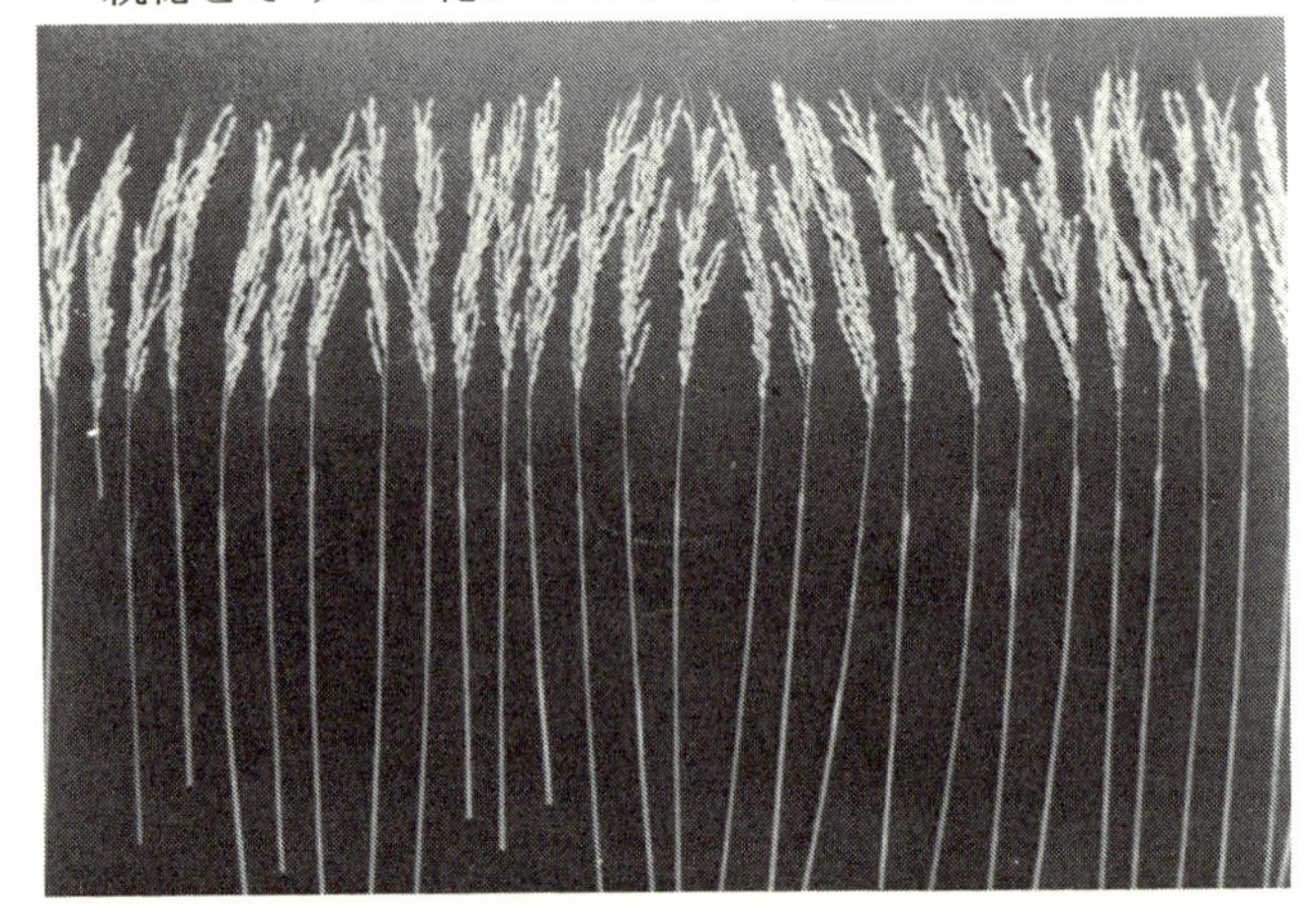

1粒のモミからこんなにタネがとれる

抜き穂の時期は、いくら早くてもかまわない。刈取り適期より二週間ぐらい早く抜く。それより早い、糊熟期の青モミでも、発芽には充分の力をもっている。

一本の穂の先から三分の二をしごき落としたら、これから一〇〇本の苗がとれる。これを尺角一本植えにすると三坪に植わる。そして、坪二・六キロ、三坪で八キロのタネモミがとれる。いくら出来がわるくても、六キロのモミダネがとれる。

こうして、モミダネを購入せずに、自分が純系淘汰して原種に近いものを選抜すれば、原種圃のものより純度の高い品種が維持できる。

大出来のタネと小出来のタネ

タネとり用の尺角一本植えのつくり方は、どうすればよいか。大出来にするか、小出来にするか。それはそれぞれの得失がある。

反収五石ぐらいとれそうなイネのタネは、翌年つくると少肥では育ちにくい。また、反収三石ぐらいの小出来にすると、次年度は少肥でも育つ。さあ、どちらにするか、だ。

畜産家でふん尿を多投する人は、毎年多肥栽培となるから、よくできたところのタネがよい。もしこんな人が、少肥で育ったタネを使うと、翌年はできすぎてイネが倒れたり稔実歩合を落とす。

その意味で、黒沢式イナ作の元祖、黒沢先生は「タネはよくできて倒れそうなところから抜穂してとれ」と教えた。そんなタネならば、少々肥料をくれてやっても耐える、ということだ。しかし、この反対のこともありうる。

肥料を節減して省エネイナ作をしようとする人が、大出来の田のタネをとったら、次年度はイネがさっぱりできずに減収する、という傾向が出る。自分の条件に合わせたイナ作をするなら、そのつもりで採種圃に肥料をやらなければならない。

私は、毎年二～三アールの小さな田（苗代田）を採種圃として、ここで極端に肥料を控えて無農薬に近づけたつくり方をしている。ただし、コシヒカリはこの逆にしている。

品種選抜の楽しみ

純系のタネを一穂採種で維持する一方で、その中でもちょっと変わりダネを探す。一反の田んぼの中に、たった一本か二本、姿と形の変わった変異種があらわれることがある。とくに高温年には変異が出やすい。品種の固定化のすすんだコシヒカリなどは、変異の出る可能性は少ないが、新しい品種は固定がわるいから、先祖返りの変異株が、何株かは必ず出てくるものだ。

これを残して試作してみる。私は長年これをつづけている。何の足しにもならぬが、楽しみだけである。一世を風靡するような大品種が出ないとはかぎらないからだ。こんな変異種を私は十数種保存している。今の作付品種もすべて異種選抜種ばかりである。

変異種選抜ではなく純系淘汰でも、これをつづけてゆくうちに、イネの姿は原種とは変わってくることもある。私は、コシヒカリで、昭和五十三年から八年間も純系淘汰をつづけてきた。これを標準原種と比較栽培もしているが、姿は少々ちがっている。葉が直立しやすく穂重型になってしまった。

あまり大きく変化すると、純系淘汰にならない。純系を維持しながら少しでもよい姿のものを、見つけねばならない。

10 こんな条件ならこんなイネつくりを＊

五反以下なら手植えにかぎる

三反や四反のイナ作ならば、栽培の楽しみと増収のために、尺角あるいは尺二寸角の手植えをおすすめする。稚苗の田植機なんか納屋の天井にほうり上げておくか、売り払ってしまうことだ。「手植えなんかこの時代に」との抵抗もあろうが、楽しみのイナ作なら、手植えすることが趣味と実益をかねる。

田植えと苗づくりの方法は前述したとおり。最も楽しみたいなら、尺二寸角に広げることだ。以下そのやり方を紹介する。

①**苗づくり**＝田植えの日から逆算して四五～五〇日前にタネまきする。坪二合まきで分けつのはじまる苗に仕立てる。

②**田植え**＝尺二寸角二本植えで前進植えがよい。浅植えが条件である。

③**元肥**＝鶏ふんを反当一〇～二〇袋、田植え一カ月前ごろすき込んでおく。代かき前日に硫安と過石各一袋を全層すき込みする。

④**穂肥**＝出穂二〇日前に尿素五キロと過石五キロを混合してやる（コシヒカリをつくるばあいは穂肥は絶対にやらないこと）。

これで尺二寸角手植えはキマリである。むずかしい肥培管理はいらない。ただし、水管理だけはいつも堪水にしておく。中干しもあまりしない。防除は虫がわいたときだけにする。これで収量は一〇俵はかたい。誰でも、上手下手なしに育ってくれる。地力も、知力も、技術も、資材も、何もいらない。

地力がなくても、水さえ切らさなければ失敗はない。そしてその生育ステージは軽いV字型になる。手植え疎植は、V字型の育ちが正解である。V字型の理論は、手植え疎植には生きるのである。

畜産農家のばあい　無肥料で疎植が鉄則

労力が許せば、前述の尺二寸角の手植えがよい。手植えするなら、尺角なんてチャチなことといわずに、尺二寸角、坪二五株植えにすることだ。どうしても機械植えにする人は、ピッチ三〇センチ、条間をあけて複条並木にして、最終的に坪二五株くらいに疎植することだ（第58図）。

畜産家は、いったい何トンはいったかわからないくらい牛ふんや鶏ふんを入れている。それも毎年毎年の連続である。

だから、どんなことがあっても、肥料と名のつくものは入れてはならない。硫安のありつき肥もいけない。リンサンもカリもイネの一生の間、絶対に入れてはいけない。水以外、肥料はいれない。

手植えでも機械植えでも、坪二〇株か二五株かの疎植で、しかも一株植込本数が一〜二本ならば、牛ふんの生を反二〇トン入れても成功する。しかも、コシヒカリでも大丈夫だ。

第58図　地力があればこんなイネになる

注．品種：玉撰Ⅱ

イネの生育は、終生濃緑色で色落ちはない。しかし、よく観察すると、やはり出穂三〇〜二五日前には、自動的に葉色は淡くなり、穂ぞろい期を過ぎると色は回復する。イネの本能によって、「かぎりなく水平肥効に近いⅤ字型」の様相を呈する。

コシヒカリが意外とよい

畜産家の田にコシをつくれ、といったらさぞかしビックリされよう。あんな倒れやすいイネを、しかも畜ふんの捨て場のような超肥沃田に植えるなんて、非常識もはなはだしい、と思われよう。そこが面白いのである。常識をひっくり返すことから、本当のイナ作がはじまるのである。

ただし、これができるのは、さきにもいったように、尺二寸角一本植えにかぎるけれど。あるいは尺五寸×尺二寸、という超疎植にして、苗も五〇日苗で三本くらいに完全分けつしたも

第59図　コシヒカリも尺２寸角なら240粒もつく

注．５月24日田植え

のを使い、一本植え（二本植えではない）すると、コシヒカリというベロベロのやさしい品種のイネが、がぜん、野生的なカヤのような育ちになる（品種特性編に詳述）。蹴とばしても倒れないような強剛なイネになる（第59図）。

それから、「畜産家の田にはコシをつくれ」とすすめるには、もう一つ理由がある。超肥沃田では、稔実障害がはげしいが、コシはこの稔実障害をうけにくい代表的な品種だからだ。

以上のようなつくり方で、畜産家の田にコシをつくれば、全長は一・二メートルにもなる。それでも茎が太くなるから倒れないでわん曲だけですむ。

畜産家の田ばかりでなく、五反以下の小農家が楽しみにつくるばあいでも、多肥にするなら、このようなやり方が、案外成功して面白い。

バクテリアの力を借りよう

堆肥を積むとき、自然の発酵にまかせると、熟成に半年も一年もかかるが、バクテリアを添加して積むと、わずか二カ月ぐらいで完熟する。それくらいバクテリアの力はすごいものだ。みそもしょう油も酒も、微生物の働きによるものだ。もともとバクテリアは自然に存在し、自然に増殖するものだが、自然に任せていてはその年のイナ作には間にあわない。

牛ふんや鶏ふんをバカほど入れるばあい、ぜひバクテリアの力を借りねばならない。

とくに水田の中は、嫌気性菌（空気を嫌う菌）ばかりである。空気を好む好気性菌は、堆肥の発酵には好つごうだが、水中にはいれば活動を停止する。

私が牛ふんや鶏ふんを生のままで何トンもほうりこんで尺二寸角に植えるばあい、必ず嫌気性菌を土中にすき込んでいる。これをやるかやらないかで、イネの出来はまるでちがうのだ。

嫌気性菌はその大部分がわる者扱いされている。いわゆる腐れ堆肥やメタン発酵の原因だとかいって、嫌気性菌をケナす。しかし、そのような問題がおこるのは、畑状態のばあいのことであって、水田の中では嫌気性菌でなければ活躍してくれない。嫌気性菌にも数えきれないほど種類があって、そのうち何割かは善玉であるはずだ。私が使っている嫌気性菌（ブルガリア乳酸菌ラクトバチルス）は、善玉のほうではないか。とにかく使って結果がよいのである。

第60図　ヒタヒタの浅水で荒代ずき

どう結果がよいか。牛ふんを生で一〇トンぐらい入れたとする。バクテリアを与えると、牛ふんのチッソをエサにして増殖して菌タンパクとなる。強力に有機物を分解するはずなのに、イネの出来は、前半にも後半にもできすぎないのだ。尺二寸角一～二本植えにして一〇トンの牛ふんを投入すると、ちょうどよい加減で無肥料栽培できるのである。

後述するが、大量のムギわらをすき込んで田植えしたばあい、ムギわら腐熟のバクテリアのエサとして、チッソを正味四キロぐらい添加する。バクテリアは菌体タンパクとなり、地力的に効くので、穂肥なしでもちょうどよい加減にイネが育つこととなる。

バクテリアを無視して農業はありえない。

裏作ムギ跡のつくり方　ムギわらが浮かない方法

ムギわらをすき込むとほんとに田植えはしにくい。田植機は浮いたわらを押すし、植えたはずの苗も浮く。風で吹き寄せられたわらは苗を押し倒す……これでは田植え後の補植はたいへんだ。

わらがうまくすき込めないから浮き苗が出て、補植に苦労することになる。
イナわらにしろムギわらにしろ、わらが代かきで浮くのは、ロータリーのツメを高速でまわすから
だ。そして水が深いからだ。人によってはツメを速くまわすほうがわらが中にはいる、と思っている
人がいる。せっかく土とわらを混ぜても、代かきで速まわしをしたんでは、混ざったわらも完全に分
離して、わらは浮いていまう。わらを浮かせないためには、浅水にしてツメを最低速、車速をやや速
く（いつもより一速分）、土塊を大きく起こすことにつきる。これを代かきまで同じ要領でくり返す
のである。
私のやり方は、乾田状態でまず元肥をふって一〇センチに耕起、四～五日あとにもう一度、こんど
は一五センチに耕起する。三回目は水をヒタヒタに入れてグッと深く二〇センチに荒代ずき、いずれ
もツメは最低速で。そして、ヒタヒタ水が条件だ（第60図）。
その翌日、またヒタヒタの浅水にして代かきをする。代かきもツメは最低速で、すいた耕土の全部
を練る。これが耕土の深い浅いに関係なく上手にわらをうない込むポイントだ。これで一本もわらは
浮かない。イナわらでもムギわらでも同じである。三回目の、水を入れての荒代ずきでわらは充分泥
水を吸い、わらのパイプの中に泥がつまっている。浮き上がるわけがない。
この反対に、乾いた田んぼに水を入れ、深水でツメを速まわしして走りまわっては、わらは全部浮
いてしまう。

トラクターのツメのつけかえ時期は田植え前である。とくにムギわらをすき込むばあいは、ふつうのナタヅメではだめだ。反転のよい青いツメがこのごろ売られている。値段は少し高いが持ちもよいし、何としても反転がよい。東洋社の日の本トラクターのロータリー構造は、わら一本巻きつかないで、わらの九九・九パーセントを土中に埋め込む性能をもつ。トラクター本体はクボタでもヤンマーでもよいが、ロータリーだけ東洋社のものを使うと、農作業すべてがスムーズになる。そして青いツメを装着する（青い爪という商品名）。

私は以上のような方法でムギわら一本浮かない田んぼに田植えをしている。

全量すき込んでもビクともしない

ムギわらをすき込んだ田の田植えは、植えにくいだけでなく、梅雨が明けて照りこむとこんどは猛烈なガス。ムギわらをうない込むと七月中は悪戦苦闘の連続だ。ついムギわらは火をつけて焼いてしまいたくなる。しかし、ムギわらはイナわら以上に地力がつく。ことしのイナ作だけにとらわれてはいけない。

ムギわらを全量うない込んでもビクともしない方法は前述のとおり。「ムギわらをすき込んでことしはイナ作の前半はつらかった——でも八月にはいってからグングン秋まさりに育ってコメは結構とれた」と、必ずこうなる。これからは、いっさいムギわらは焼かずにすき込もうではないか。ガスが出たって何だ。地力増進のためだ。

ムギわらは反当三〜四キロのチッソをとり込む

一反分のわらを腐らせるバクテリアのエサとして、三〜四キロのチッソ分が必要となる。これをやらずにバクテリアが土中のチッソをとり込むのでは、イネはチッソ飢餓となり、ワラの腐熟が大幅に遅れる（五五ページ参照）。

コンバイン作業でムギわらを細断したら、すぐに硫安一袋か尿素半袋をふって耕起する。わらを腐らせるためである。それでもムギわらが腐るには七月いっぱいかかる。七月中は、元肥にチッソ四キロもやってあるのに、わらにとられてイネには全然効いてこない。無肥料出発同然である。だが八月にはいると、硫安などのチッソを食ったバクテリアの死骸が有機物となって効いてくる。チッソの定期預金をしたようなもの。八月には満期がくる。これとムギわら成分とで穂肥がわりになる。穂肥なしにすれば、自然イナ作ができる。

ムギわらすき込みをやると七月の初期生育はグンと抑制される。これがよいのだ。暖地では初期生育がよすぎて七月下旬から停滞期となり夏バテがおこる。ムギわらすき込

第61図　元肥は過石と尿素にバクテリアをまぶしたもの。これで１反分

みは初期生育を抑えて停滞期以降に秋まさりに育つようになるのだ。

いくらムギわらすき込みでも、土地によっては元肥をいれてはいけないところがある。

九州の佐賀平野はビールムギのわら全量をすき込んで田植えをしても、完全無肥料で七月中にすごく生育する。尺角一～二本植えの疎植でも、一株三〇本をこえる。土地とかんがい水が富栄養化しているからだ。それにビールムギはコムギに比べて格段に腐りが速い。温度も高い。ビールムギ跡は田植時期も早いからだ。

元肥チッソ四キロも絶対にやってはいけない地域もあるから経験に頼らねばならない。

ムギ跡はリンサンが必要

ムギ跡は土中のすべての養分が吸いつくされている。だからこれらの要素の還元は、ムギわらのすき込み以外に補給の方法はない。人の与える化学肥料のうち、とくに欠乏するのはリンサンである。土中の不溶性リンサンがイネに利用されるには、田植え後二週間以上を要するし、ムギわら中の含有リンサン分では少なすぎる。だから元肥に過石かマグホス一袋は必ず入れたい（第61図）。リンサンがまったくない状態では、初期生育は劣りすぎる。初期生育はよすぎるのはいけないが、わるすぎては根も張らない。過石やマグホスは水溶性で速効性、元肥には必ずいれることである。

ムギわらには多量のカリが含まれる。その量はイネの一生の要求量はある。しかもそのカリ分は全部水溶性・速効性であり、土中に吸着されて流亡せずにイネに一生安定供給する。そのうえ天然供給も充分にある。なのに、人がカリ肥料をやるから過剰吸収となり、カリ過剰の害があらわれる。カリ過剰はチッソを呼び、茎は軟弱、葉色と穂はどす黒くすすけたようになり稔実歩合をおとす。

ムギ跡は、たとえムギわらを焼いた田でも、カリ分は全量残っているからカリはやらないようにしたい。ムギわらは焼けばリンサンは不溶性になり、カリ以外の成分は全部なくなる。

ときどき小干しでガス抜き

梅雨明け後、照りこむとガスがわく。硫安を使うと硫化水素も出る。七月十日、二十日、三十日と一〇日ごとに水を落として軽くヒビ割れするていどに小干しする。これでガス抜きは充分だ。七月三十日の三回目の小干しは、中干し時期に当たる。小干しは三回とはかぎらないが、ガスの出方を見ていればよい。少しぐらいならほうっておいてよい。

ムギわらすき込み田で稚苗密植にするばあい、硫化水素を少なくするために、元肥に硫安を避けて尿素を使うこともよいだろう。

植付けの工夫を

ムギわらをすき込むと、稚苗田植機ではどうしても浮き苗や転び苗がでる。ロータリーのツメの回転をおそくしても、田や人、機械によっては、一本もムギわらを浮かないようにするというわけにはゆくまい。そんなばあい、田植機更新のときに思いきってポット田植機を導入することだ。

ポット苗は大きな根鉢がついている。どんなへたな植え方をしてもちゃんとおもりがあるから浮き

第62図　晩期直まきコシヒカリ。完全無チッソでこれだけ繁茂

注．堆肥4t（春先），無チッソ，過石１袋だけ，７月末の生育

苗にならない。寝ころんでいても五日で起き上がる。ムギ跡はポット苗にすれば、補植いらずで増収確実である。田植えの遅れも気にならない。ただし、ポット苗は生育力がおう盛すぎるので疎植（尺角植え以上）が条件。

機械投資をしたくない人は手植えである。畑苗（坪二合まき以下）を育てて、尺二寸角一本植えすれば能率は機械以上である。尺二寸角ならば思い切って多肥栽培ができる。

遅植えイナ作の注意点

条件に応じた施肥の配分

田植えが六月二十日以降になる地方、いわゆる遅植え地帯やコムギを裏作につくる地帯では、どうしても田植えは遅植えになる。

一二五ページの図のとおり、遅植えは、田植えから出穂までの日数が足りないので、元肥ゼロ出発というわけにはゆかない。

こんな地帯では、元肥チッソを正味三キロ施し、追肥は、出穂四五日前に二キロ、穂肥三キロを標準とされたい。

なお疎植か密植か、多肥品種か少肥品種かによっても施肥のやり方は異なる。普通の地力のない田のばあい、

○尺角疎植なら四・二・四
○尺二寸角なら五・二・三
○コシヒカリの遅植えなら疎密にかかわらず四・○・○
○ムギ跡なら五・二・三

の割合でうまくゆく。私の住む地帯では、田植えが六月二十五日前後なので、このていどがうまくゆくわけだ。鶏ふんや牛ふんを入れたら、夕めしの穂肥は抜きにする。腹がへらないからだ。

晩期直まきはコシにかぎる

六月十五日ごろ、乾田直まきをやると案外増収する。五月中にまくより、六月にはいってからまいたほうが、ウイルスの病気も少なく健康なイネになる、品種はおそくなるほどコシヒカリが増収する（第62図）。

その方法は、

①モミダネ反当四キロ、尺×五寸角の坪七二株、六月十〜十五日まき、タネにバイジット粉をまぶす。

②元肥＝過石一袋だけ。
③除草剤＝タネまき直後、トレファノサイド粒剤反当四キロ、またはサタンバーロ粒剤反当四キロ。
④入水＝周囲の田植えにより自動的にはいるが入水はおそいほうがよい。
⑤中耕除草＝草丈が一〇センチぐらいのころ、中耕田押車で二回ほど土を練る（動力用をもっている人は楽である）。
⑥中期除草＝サンバード、クサホープ、クサカリン、クサノックなどを反当三キロ散布。
⑦追肥＝地力があればチッソはやらない。鶏ふんを反当一〇袋入れてあれば追肥は不要。普通の地力のない田は、七月十五日（出穂四五日前）に硫安を反当五キロか化成を反当一〇キロ（ムギ跡は倍量）やる。
⑧穂肥＝八月十五日、尿素反当五キロか化成反当一五キロ（よほどヤセ田のみ）。
⑨防除＝七月三十日、ウンカとコブノメイガ、ツトムシ防除としてパダンナック粉剤反当三キロをまく。
⑩水管理＝乾田直まきは水もちがわるいので、いつも節水になるのがよい。三日に一度水を入れるていどでよい。
⑪出穂期は八月末か九月はじめになる。少々肥切れで黄緑色であっても、コシは着粒が減少しないので、思いがけなく多収する。穂肥を入れると倒れやすくなる。

⑫乾田直まきのあとは土が細かくなるので、ムギをまくのにつごうがよい。私はコムギ超多収のために、わざわざコシの乾田直まきをやるぐらいだ。

湛水直まきができるのは、水利に恵まれるところにかぎられる。専用の機械がいるし、トリに食われるし、決して低コストにはならないので、私は根本的には反対だ。

連作障害防止に畑水稲を

畑作大規模専業農家は、連作障害の防止と、土のクリーニングのために、ひと夏、作付けを休んで、水稲を作付けすると土のために非常によい。ムギも同じで、イネ科作物の根は連作障害の特効薬だ。コメをとることを目的としないで、畑の跡作のためにつくるのである。したがって、収量はどうでもよいし、失敗しても悔いがない。無責任ではあるが、うまくゆくと七俵ぐらいのコメがとれる。畑作であるから減反の対象とはならず、もしコメがとれればマルもうけ。とれなくてモトモト。土が浄化されてあとの畑作がうまくゆけばもうけもの、と思って試されたい。

①品種はコシヒカリにかぎる。ほかの品種は、乾燥する砂地畑で天水栽培に耐える適応性がないので、まず育たない。

②スプリンクラー設備は必要。干ばつで葉がよれたときと、出穂開花時、登熟終期に雨のないばあい

にかん水。常時かん水は徒長して絶対にいけない。なるべく天水に頼る。乾燥になれさせることである。
③タネまきは西南暖地では六月十五日以降のこと。早まきは稈が伸びて倒れる。出穂は九月五日ごろになり、刈取りは十月上旬に可能。
④タネまき法は平ウネ、二条か四条まき、尺×五〜八寸（坪七〇〜五〇株）、反当タネ量一〇キロの直まき。まいたあとは固く鎮圧のこと。
⑤タネまき直後にトレファノサイド粒剤を反当五キロまけば、雑草は生えない。芽が五〜七センチに伸びたら、ローラーでムギふみの要領で踏圧。
⑥第二回雑草処理は、畑草が相当繁茂してからスタム、サターン液剤をまく。スタム乳剤反当一リットル、サターン乳剤も反当一リットルをまぜて、五〇倍液のとてつもない濃い液を反当一〇〇リットルほどつくる。すごく濃いので、どんな大きな雑草も全滅（イネの薬害は微々たるもの）。
⑦肥料はいっさい入れない。リンサンもカリも絶対に入れない。リンサンやカリを入れると稈が伸びて倒伏する。終生絶対無肥料を通す。
⑧虫の防除は畑作地帯ならほとんど不要。乾燥によって葉色は淡くなって虫はこない。畑は肥えすぎているが、水分が少ないので肥料は効かぬ。分けつは少ないが親茎が多いので、茎数は充分ある。天水だけでも大きな穂が出てプッチリ稔るので、かなりの多収が望める。砂地でもコシならばコメはとびきりうまい。日照りの高温豊作年より、雨の多い不作年のほうが多収する。

品種の性格判断編

―イネつくりが一〇倍楽しくなる品種選び

この章の品種特性の解説は、私のつくった経験のあるもののうち、西日本向けのものを選んでみた。

コシヒカリ特性のすべて＊

来歴のすばらしさと五大特長

日本のイナ作面積二〇〇万町歩のうち、コシは三四万町歩。日本晴とササニシキが二〇万町歩だからダントツにコシが多い、という人気の秘密はどこにあるのか。

コシヒカリは、元をただせば昭和十九年にさかのぼる。交配した人の名は知らないが、当時の最高耐病性とよい食味をもつ品種農林二二号を母とし、最ももちのように粘っこい農林一号を父として、農林省の手で雑種第一代（Ｆ１）が生まれ、新潟、東北、福井の三農試に昭和二十二年Ｆ２が配付されて、系統選抜がつづけられた。

新潟ではＦ８が越路早生となり、東北ではＦ９がハツニシキ（ササニシキの母親）、Ｆ17がヤマセニシキ。福井ではＦ10がホウネンワセ、Ｆ11が昭和三十一年に、石墨博士によって農林一〇〇号で登録されて、コシヒカリと命名された。交配後十一代目に固定されたのであり、今日まで実に四〇年になる。

コシのうまさのルーツをたどると、農林二二号の親の朝日にたどりつき、農林一号の亀の尾に端を発する。この両者のいいところだけ持って出た絶品がコシである。

亀の尾は私も試作したことがあるが、明治二十六年、庄内の冷立イネから発見され、明治・大正時代の愛国、神力とともに日本三大品種の一つとされた。殿様の年貢米は亀の尾で納めよ、と指定されたくらいうまいコメで、しかも冷害に強い品種であった。

幻の酒米ともいわれる、この亀の尾で吟醸した酒を一本だけ入手して飲んだことがあるが、その味は筆舌につくし難い夢にまで見る超芸術品であった。

幻の亀の尾と、播州のすし米朝日との国宝級の味の血は、今もってコシとササに生きているのである。五大特長とは、

①米のうまさが長つづきすること。ヌカ層がうすくて硬い。デンプンの性質が熱で完全に糊化する。コメが硬いから古米になっても味が変化しない。搗精歩合九一パーセントはコシだけで、つきべりがしない（そのかわり玄米食では硬くて困るし、搗精に時間がかかる）。

②穂発芽しない。酒米のたかね錦と並んで現存品種中最高の穂発芽しない性質がある（休眠が長くて苗立ちはいちばんわるい）。

③耐冷性と耐暑性に最もすぐれる。冷水活着性にすぐれ、肥料も水もなくとも育ち、暑くても寒くてもつくれるのは、朝日の耐暑性と亀の尾の冷立イネの性格をうけつぐ。

④高温登熟力がつよい。暖地の早期栽培は三五度の炎天下で登熟するが、品質食味の悪化しないのはコシだけ。これが広域適応性、北国でも南国でもつくれる理由である。

⑤元来多収性がある。幼穂形成期の栄養不良は、日本晴などで極端にモミを退化させるが、コシは退化しない。少ない肥料で多収性がある。ササも同じ性格があるが、それは元来多収穫品種を意味する。コシは中間型であるが、通常低位分けつで一穂二二〇粒はあり、穂重型に近い傾向を示す。チッソ切れしても着粒は減らない

ので少肥でゆける。

もし限られた少ない肥料で栽培するなら、日本晴よりコシのほうがはるかに多収。もし極限の遅植え（タバコ跡など）をするならば、日本晴よりコシがこれもはるかに多収する。

コシヒカリの野生美を味わう

コシは葉が細い、細くてうすいから葉はペロンとたれやすい。そして、よく分けつして大きな株になっても過繁茂にならない。

葉が細く、二ツ折れになっている。トユ状になり、陰をつくらない。下葉に太陽が当たるように上位葉が遠慮して恐縮しているのだ。

コシ自身、こういう努力をして、少ない葉面積に最大限に日光が当たるようにする天性がある。そして葉のデンプン生産力が抜群にすぐれているのである。

葉の広く大きい品種はデンプン工場の能力が少なく、自分の体の維持のためにデンプンを消費して穂に貯めこむ能力に劣るので、多収性がないといえる。

樹木にしてもそうで、松や杉の針葉樹は葉面積が不足するので冬でも枯れずに一年中デンプン生産にはげみ、広葉樹は葉面積が広いので冬はデンプン工場を閉鎖して用がなくなり落葉するのである。

茎も細く葉も細いコシはミスユニバースのような長身の美人であるが、これを南洋の土人の酋長の娘のように、黒くて引きしまった美人に仕立てればいいだろう。コムギ色のピチピチグラマーのほうが魅力がある。

コシを多収しようとしたら小柄のグラマー、手植えの尺角疎植しかない。野生的なコシにするのである。子猫を家で飼うようなことをしないで、ノラネコにするのだ。

コシも尺角一本植えするとが然野生にもどる。品種が変わったように豪快に育つ。多肥も受けつける。おしとやかな美人女性ではなくなってあばずれグラマーになる。こういった特性もコシには備わっているのである。ヒョロヒョロの細い苗を密植するから、ブロイラーの電熱ヒヨコみたいにブヨブヨコシになるのだ。

もう一歩、野生のライオンのようなコシにするには、尺二寸角二〜三本植えにすることである。生育期間（田植えから出穂まで）を七五日とれる早植え地域なら、坪一〇〇〇本とれて着粒は一穂二〇〇粒ぐらいになる。想像もつかない豪快なコシに育つ。

それほどコシという品種は、環境に応じた変化をする品種特性をもつ。

しなやかなわらに似合わず、わらの引っぱり剛性は弱いので、使いわらには案外向かない。同じく根の引っぱり強度も弱い。

シマハガレウイルスにやられても、株絶えしないで分けつ茎が二〜三本枯れただけで回復するのもこの品種の特長。

病虫害ではモンガレがこわいだけだ

コシの挫折倒伏の原因のいちばんのものは、晩期のモンガレである。出穂後にモンガレにやられるのである。モンガレで葉鞘が枯れ、茎を包んでいる皮がやられるから挫折してしまう。尺角手植えはまずモンガレが出ないから挫折しないでわん曲する。わん曲してしなるのがコシの本来の多収姿だ。

つぎに挫折倒伏の原因となるのは、下位節間の伸長。コシにかぎらずうまい米の品種はすべて下位節間が伸びやすい。出穂三〇日前ごろの栄養過多は、横方向に空間のないときは上空に空間を求めて伸びたがる。疎植で受光態勢がよければ、栄養がよくても下位節間は伸びない。

イモチの抵抗性は、菌系にもよるが、日本晴よりよっぽど強い。カラバエにも強いし、ウイルスのシマハガレにも強いほうだ。シラハガレはまず心配ないし、茎が細いからメイチュウもこない。コシは過繁茂しないから秋ウンカも寄りつかない。

真夏のセジロウンカは、品種間の選択があり、もち品種と、モダン系（むさしこがね、玉系四四、ミネユタカなど）を好み、コシを嫌うようだ。秋のトビイロウンカは品種間の選択は少なく、ヒエと過繁茂イネを選ぶ。コシは過繁茂しないから挫折倒伏させないかぎりトビイロの坪枯れは出ない。

こうみると、無農薬栽培のできるイネはコシ以外にない、といえる。

＊品種劣化の大きい日本晴

昔の面影がなくなった

昭和二十年代の終わりごろ、ヤマビコを母に、幸風を父に愛知県農試の香村氏が交配した「ＧＡ３」が各県試験場に配付され、私は昭和三十三年にはじめて試作の栄誉にありついた。まだまだ世に日本晴の名がなかったころのことである。

一反に試作直まきしたその感想は、未だかつて見たことのないよい姿で、下葉までバリバリした美しい熟色、きれいな米つやと透きとおった白米、そのおいしさは当時の農林二二号を上回った。

第63図　日本晴の来歴系譜

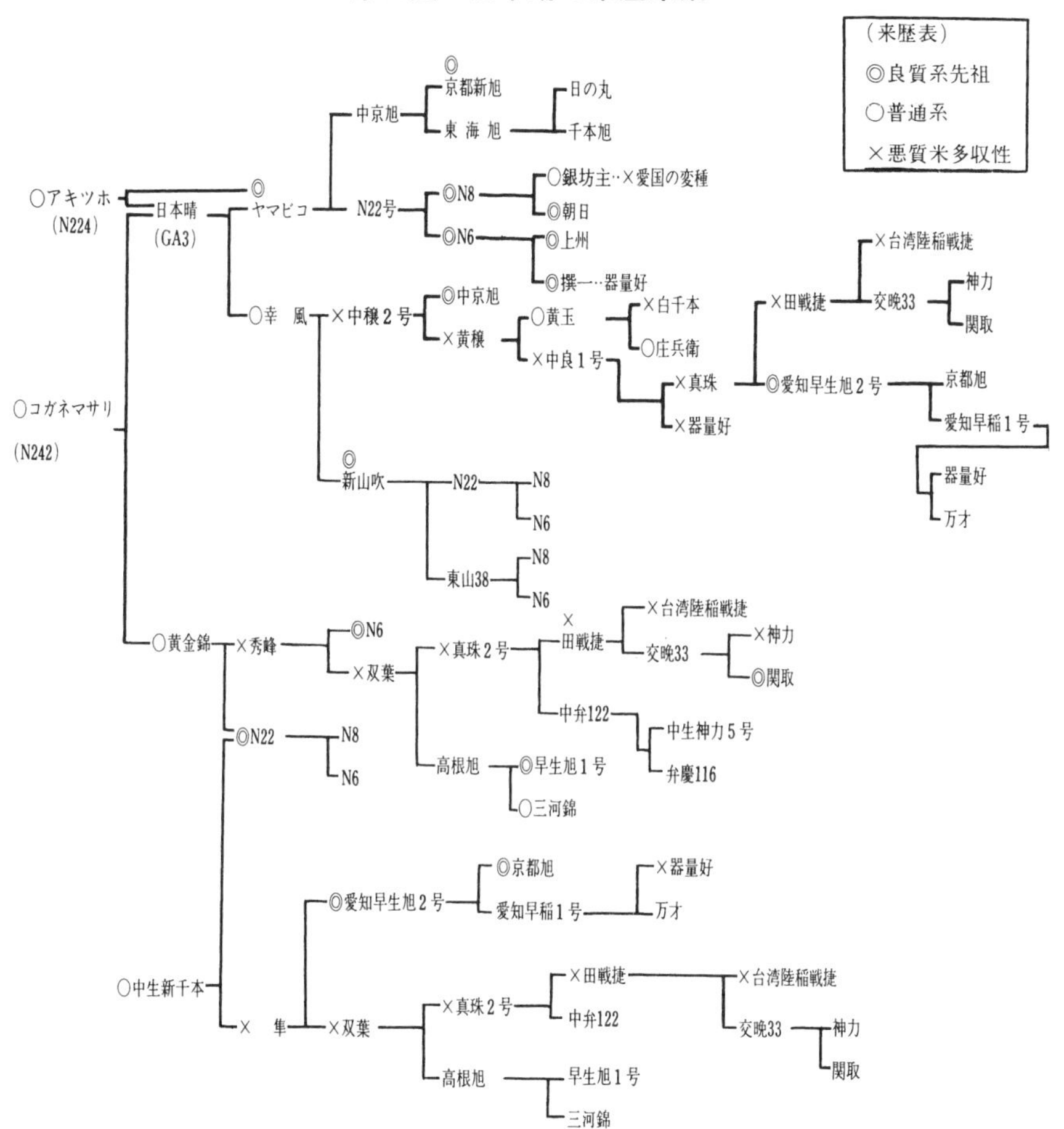

注．N：農林番号

以来二〇年近く、日本晴はコシを知るまでは最高食味の品種と思い込まされた。

これは裏話であるが、このＧＡ３は固定がわるく、配付した各県まちまちで、その後、愛知農試が回収して固定をやり直したという。私が配付をうけた日本晴はすばらしい品種であり、のちの固定種が今日の日本晴かもしれない。とにかく、今日の日本晴と姿は同じでも、特性が、食味がまるでちがうのである。少なくとも昭和三十年代の日本晴と五十年代の日本晴は、劣化か退化か、固定方向がまちがったのか、雑ぱく交配のツケが回ってきたのか？

第63図の来歴系譜を見ていただきたい。どれほどに複雑で雑ぱく化したものか。一見してわかると思う。

よくもわるくもない低収品種

これといってすぐれた特長がない。これといった欠陥もない。ごく平凡な、よくもわるくもない日本晴……これは育成者の香村さんの話で、氏は、なぜ、こんな、しょうもない品種が日本の大品種に育ったのかわからん、とおっしゃる。

品種とはそんなもので、とり立てて欠陥も優点もないのが、おとなしくてすぐれているといえる。

おそらく機械化と早熟化の波に乗った幸運な品種だ、といっておられるが、単に幸運だけでなく、超銘柄米のコシやササは不良天候に弱くてつくりづらいので、多収性はなくとも安定性を買われたのであろう。それと、西日本での銘柄品種不足で、政府の一類指定にうまく乗って、他品種までも日本晴として出荷するなど、日本晴にあらずば奨励米にあらず、という気運をつくり上げてしまった。

しいてよい点と劣る点をならべてみれば、早植えしても遅植えしても出穂期変動が少ないのが大きな強味で、広域適応性がある。

五月上旬植えで八月中旬出穂、六月下旬植えでも八月下旬出穂。いつでもどこでもつくれる点だ。コシを上回る広域適応性といえる。

イシュク病とシラハガレ、下葉枯れやガサにわりと強く、止葉が立つので受光がよく、稔実歩合が高い。コメは白米で白く、精白歩留りがコシのつぎによいので米屋が儲かる。

モンガレにもわりと強いほう、倒伏性も中生新千本のように一挙に挫折しないで、わん曲からはじまる。わら質が強く、縄に向くが、中生新千本には劣り、コシヒカリより強い。

食味は中の下。中生新千本よりはるかに粘りがない。これは来歴表の先祖の台湾陸稲戦捷の血が頭をもたげたのであろう。先祖に戦捷や外国イネの血があれば、食味は必ずコシやササに劣るのは致し方がなかろう。それほど遺伝は正直なのだ。しかし食味はつくり方で大差がある。日本晴は味の変動の大きい品種の一つと考えられる。

耐病性は、シマハガレ（ユーレー病）に弱く、アキツホ同様ゴマハガレ、秋落ちに弱い。イモチは最近、コシよりなお弱く、穂肥過多は穂イモチにやられやすい。

出穂三五日前から肥切れになるとモミ退化が激しく、生育中期にも水平型肥効がないと減収し、穂肥が少ないとモミ数が減るなどやっかいである。秋落ちでは減収し、秋まさりでも度をすぎるとイモチで減収するのは、アキツホに似ている。

こう見ると、日本晴は多収性がなく、九俵ぐらいがねらいどころの品種で、とても五石をねらえるしろものではない。普通につくればアキツホと中生新千本より一俵収量は少ない。多収穫したい人は日本晴はあきらめることである。

中生新千本・開張せず見すぼらしい

来歴表のように、中新は日本晴にくらべて系譜はやや簡素である。

品種特性の劣化や変化は、来歴の簡素なものほど少ない傾向を私は発見している。農林二二号などは五〇年経過し、コシは四〇年たっているが特性に変化はない。二〇年前の中新も、今の中新も大きな変化や劣化はない。もし特性に変化があるとすれば、飽きたタネは草丈が長く、珍しいタネは草丈が短い傾向がある。中新のタネを更新したとたん、チンチクリンの短い中新になってしまうので、タネは更新しないほうがよいかもしれない。

この品種の特性は、株が開張しないので貧弱で面白くない。株内がムレるのでモンガレが出る。穂が小さいので、茎数をとらないと収量が上がらない。尺角一本植えするとスケスケすぎて逆に減収することがある。

元来分けつ力はきわめておう盛であるが、分けつが開かないので、内部の茎が退化しやすく、最終的に穂数がとれず、穂の着粒もふえない品種である。密植にしておいて分けつを抑制させるほうが穂数がとりやすい点、他品種と異なる特性である。

イシュク、シマハガレに弱く、下葉は枯れやすいので、刈取り時に止葉だけしか生きていないことがあるが、中新はそこそこ収量がある。この品種は止葉一枚でも登熟する力があるのだ。

穂イモチには最近かなり強い。日本晴が全滅しても、となりの中新は知らん顔している。菌系の変化で圃場抵抗性が強くなっているのだろう。

わらはしなやかで細く、短いが、縄にならと細縄でも相当強い。コシよりもわらは強い。そのくせ倒伏するとなると、いきなり挫折する。これは多分に、下位節間の伸びやすい性質とモンガレのせいである。

コメは見かけは汚い。白米にしても黄色味をおびてさえない。ヌカ層が厚くてつき減りし、米屋は損するので嫌う。けれど、食ってみれば農林二二号についでうまい。母親が農林二二号だから、うまい素質をうけついでいる。このごろの米屋は、日本晴よりも中新のうまいことを発見して、農協倉庫は中新から先に売れてゆく。

最大の欠陥は穂肥時期のむずかしいことだ。出穂三五日前にチッソ切れすれば、日本晴より早く穂を出し、三五日前にうんとチッソを効かすとコガネマサリよりも遅く穂が出る。その差は一〇日におよぶ。

何日に植えて何日に穂が出るときまらないのだ。茎をむいて幼穂形成を確かめないと穂肥の日がきめられない。

穂肥が不足すると止葉は寝てしまう。止葉が立っているとスズメは降りにくいが、止葉が寝るとスズメの害をうけやすい。この止葉を立てるのがむずかしい。適当な量の穂肥ならうまく立つので、中新多収の姿は止葉を立てる穂肥のやり方にある。

それでも収量は一〇俵がねらいどころで、中新で五石ねらうのはムリである。

アキツホ・特性劣化がはげしい＊

日本晴、中生新千本、金南風、秋津穂など西日本の著名な大品種は漢字書きである。このうち、秋津穂は農林省登録になってN二二四号、アキツホとカナ書きになった。

来歴表のように日本晴とほぼ同じだが、ヤマビコのかけ戻し交配であり、穂の色が、日本晴は白く、アキツホは黄色いからすぐわかる。

コメは千粒重が大きく、ヤマビコで出荷しても検査員をごまかせるし、日本晴として出すと粒張りがよいとほめられる。兵庫県では、アキツホはすべて日本晴の名で出回っている。

日本晴より一～二日出穂のおそいことがうれしいが、穂イモチに弱いことや、ゴマハガレ、秋落ちに弱いし、中期の肥切れはモミ退化で大減収になる。わら長が短いと収量が上がらず、わらが伸びると日本晴よりはるかに収量が多い。

タネ更新した年はよく伸びたのに、翌年はチンチクリンになる。数年つくると腹白米になり、日本晴で出しても検査員に見破られる。

このように、品性劣化のはげしい品種で、こいつは自家連作には向かないようだ。毎年面倒だが、遠隔地から取り寄せねばムリだ。

食味は、特性表には上上となっているが、中の下だろう。中新より劣る。

コガネマサリ・四石ねらいの近道＊

宮崎農試育成の農林二四二号、コガネマサリは歴史が新しい。それだけ品種特性には新鮮味があり、まだ劣化遺伝が出ていない。

いまのところいいことづくめ、ちょうど日本晴誕生初期みたいで、米はよくとれる、倒れない、良質の三拍子そろっている。

来歴表のように日本晴を母親とし、葉姿は日本晴と見わけがつかないぐらい似ているが性格はかなりちがう。来歴が雑駁なだけ、退化劣化が早くて寿命が短いような気がする。連作して好調なのは五〜六年か。それに熟期がもう四〜五日早ければ申し分なしだが、たいてい早刈りして減収している。

はじめてつくった人は多収して、よい品種だという。もう二〜三日出穂が早ければなあ、と共通の声はある。

特長は根が強くて下葉枯れのないこと。横着にほうっておいてもうまくできるし、肥料は多くても少なくてもゆける。倒伏には相当強い。コメはきれいで検査員は喜び、わらは長くて畳屋が喜び、本人はつくりやすくて喜び、他人は見ていいイネだと喜ぶ。コメ屋は精白歩合がよくてこれも喜び、食べてみるとはじめてアカン、となる。食味は中の中、日本晴並みかややマシ、中新より劣る。粘りに欠けるのだ。

シマハガレには日本晴なみに弱いが、開張するのでモンガレは出ないし、イシュクも出ない。日本晴より肥料は二割ましが必要だが、中新より多収性である。早刈りすると青米が多く低収になる。

欠点はコメ粒が小さいので、ライスグレーダーの網目は、一・七五ミリを使わなければならないこと。一・八では良米が下に落ちる。ライスグレーダーの網目だけで一等米が半俵（一袋）ちがってくるのはこの品種だけ。

はじめてつくった人、まあ五〜六年は大丈夫。それ以後はたぶん飽きてきて劣化する。遠隔地のタネと交換してもその寿命は一〇年か。

ニシホマレ・亡国の品種

九州では、安定した多収品種として普及している。短稈穂重型、理想的な多収の姿が人気を呼んでいる。出穂三〇日前ごろ、積極的な追肥をしても倒伏がなく、直立した葉によって登熟力がすごい。相当な多肥に耐えるが、穂首イモチに弱く、冷涼な年は稔実障害をおこす。

わらは粘りがなく短いために、使いわらには向かないし、コメの味はパサパサである。

九州であまり普及しすぎると、九州米の声価を落とし、消費者のコメ離れを助長しないか、農家自身の首を自分の手で絞めないか、と心配である。

私は、南海六五号の系統名の時代から三年つくったが、あまりにも熟期がおそくて多収しなかった。選抜で、熟期が三日早い系統を、三年がかりで固定して九州に返したが、ニシホマレの欠点である晩熟短稈を改良できたと思っている。

しかしとれるからといって、ニシホマレをつくりすぎて、ニシホマレ亡国論の台頭のなきことを願う。

黄金晴・日本晴より評価よい

日本晴と喜峰の交配種、愛知農試育成。日本晴と同熟期で、やや葉幅が広くて上位葉がにぎやか、そして着粒密で小粒、偏穂重である。食味は、はっきり日本晴を上回る。

愛知県、九州北部で、日本晴にかわろうとしているぐらい人気がある品種である。シマハガレウイルスには日本晴より弱い。わらはしなやかで強く、使いわらに向く。イネの姿はベロついて、決してよいとはいえない。

碧風・多収良質金南風に勝る

短稈多けつで、肥沃地向きの多収品種である。愛知農試育成の自慢の優良種であるが、各県奨励品種への編入が少ない。

中生新千本、金南風地帯では、置きかえてもよい有望種である。

かなりウイルスに強く、食味も日本晴よりは断然よい。止葉が大きくなるし、穂イモチや稔実障害に弱いので、穂肥は控えめにしたい。短いがしっかりしたわらで、熟期は中生新千本や金南風と変わらないので、西日本では適応性が広く、倒れる心配はない。

中生新千本、金南風よりもよい品種であるが、着粒が密でやや小粒になるきらいがある。

シズヒカリ・食味のよいのが特長

中国農試育成、農林二六一号。こんな多収でうまいコメが静岡県だけでしか奨励されていないのは残念である。

シャキッと開張した姿で短稈穂数型。中生新千本にかわってどしどし奨励してほしい。

コメはやや長く、ツユを越してもまずくならない。うまいコメだけに、超多収はねらえないが、中生新千本よりつくりやすくて倒れない。

出穂と熟期は中生新千本より早く、首がややもろいので、コンバイン作業は能率が上がるし馬力をくわない。

葉色が濃いのでだまされないように。黒イネであることが穂肥の減肥につながり、穂イモチ

第64図　シマハガレ病に強い品種の経歴

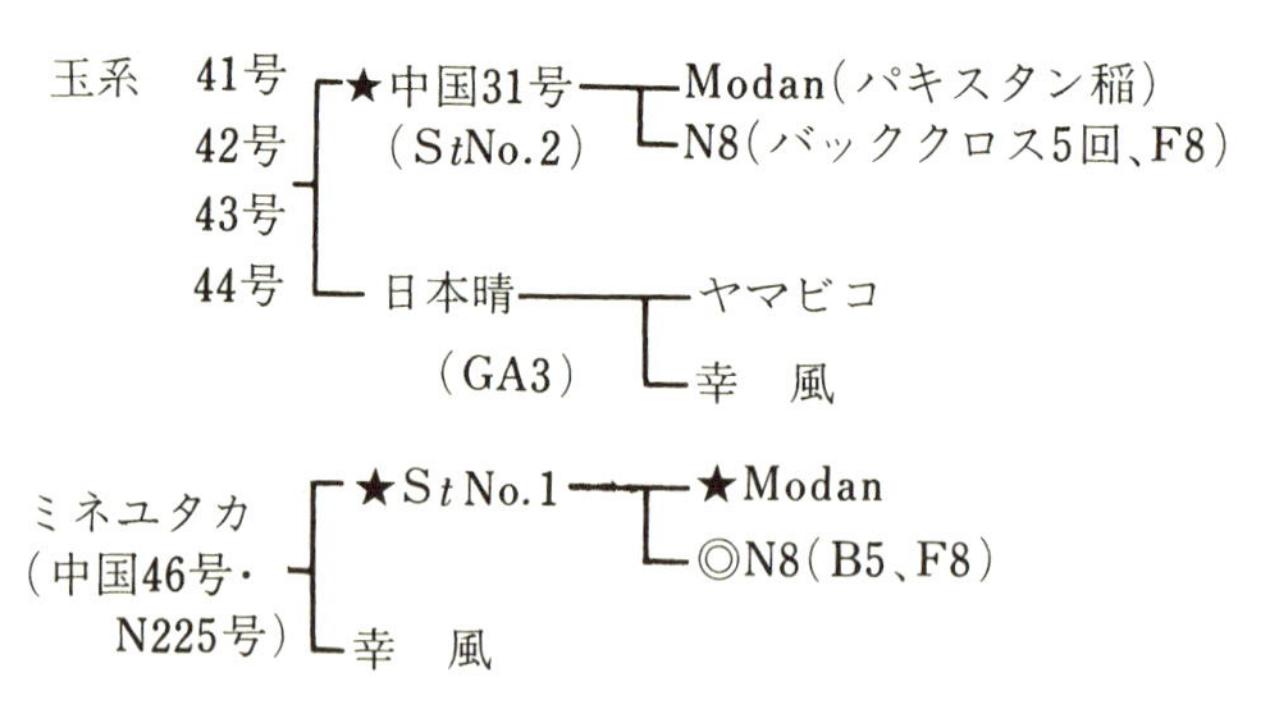

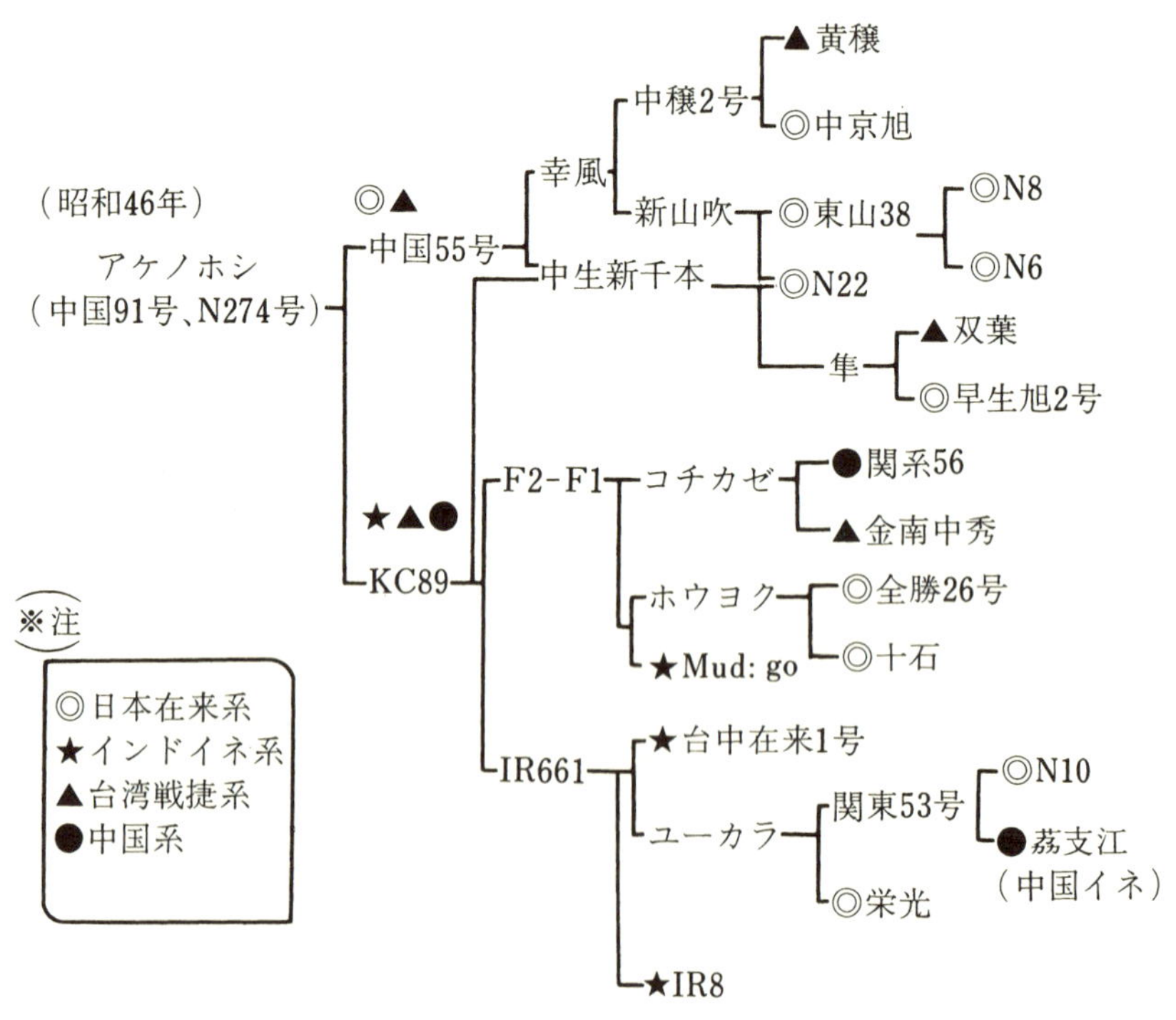

注．N：農林番号

に弱い弱点をカバーしてくれる。穂肥は省略すると止葉がたれ下がるので、止葉を直立させる穂肥技術（出穂ぞろい一八日前の穂肥）が必要だ。

食味は農林二二号クラス。コシヒカリに肉迫する。倒れない自家飯米用品種だ。イネの姿は、終始直立して眺めもよい。

シマハガレ病に強い品種

うまい品種を技術でこなして増収するか、他用途米向けのまずい品種でも収量に重点をおくかはあなたの選択に任せるとして、シマハガレ耐病性の外国系の血のはいった品種を紹介しよう。

それは玉系四四号、アケノホシ、むさしこがね、ミネユタカ、青い空、星の光、月の光。これらはシマハガレ対策というハッキリした目的で作付けされなければならない（第64図）。

品種選定で防ぐしかないシマハガレ

ウンカによって媒介されるウイルスによる病気。これは数種あるが、とくに被害のひどいのが、生育途中で心葉が黄色くよじれて株絶えするシマハガレである。通常ユーレー病といい、ヒメトビウンカがウイルスをうつす。

そのつぎがイシュク病という短く縮んで黒くなる病気を発生させるグリンモザイクである。これはツマグロヨコバイが媒介する。

ヒメトビウンカもツマグロヨコバイも、兵庫県南部では発生最盛期は、一回目四月末、二回目五月末、三回目六月末、四回目七月末のようである。ウイルスを持ったウンカは全体の一五～二〇パーセントていどで、保毒虫は一部ではあるが保毒虫の子供はウイルスを遺伝する。保毒虫に吸汁されても全部のイネが発病するとはかぎらず、勢いのよい生育の株がよく発病するようである。そして、そのばあい、根が切れたとき、根腐れをおこしたとき、急激に肥料の効いたとき、中干しをしたとき、などのショックで発病する。直まきで淡い葉色のまま、スンナリと育つと、わりあい発病しないものだ。

イネの中を歩き回ると、根切れのショックによって発病することを観察している。

一度発病すると、一本植えならその株全部が枯死するので、手植え疎植がいちばん被害がひどく、減収は毎年確実に一割に達する。発病すれば薬剤防除の手だてはなく、植えかえ以外に救済法はない。機械植えは一株植込本数が多いので、株絶えすることはまれではあるが、日本在来種でも抵抗力に差があり、酒米とモチ品種はとりわけ弱いので、大害をうけることがある。

ウンカは防除すればよいのだが、少々薬剤散布してもすでに病気をうつされている。人が蚊に刺されてから叩き殺してもカユイのと同じで、刺される前に殺さねばならぬ。そのためには粒剤による防除が通常おこなわれているが、この効果期間は一〇日ぐらい。だからウンカはなかなか根絶できないし、残留農薬上一〇日おきに粒剤をまくわけにもゆかない。

ウイルスをうつされてから、潜伏期間は通常は二週間あり、発病した日の二週間前がウンカの最盛期と考え、翌年から防除の日を自分で決めなくてはならない。しかし、年によって発生ピークにズレがあるから、四〜五日早めに防除の日を決めたほうがよい。私の地方では六月末に重点をおいているので、苗箱か苗代でべんとう薬として田植え前に苗に吸わすことにしている。

そこで品種による抵抗性の差があり、日本イネはほとんどがウイルスには弱いので、抵抗力因子を導入したインドイネとの交配種が育成されているのである。それは、パキスタン原産のモダン系の玉系四一～四四号、ミネユタカ、青い空、むさしこがね、灘錦であり、インドイネのＩＲ８、台中在来、Ｍｕｄｇｏを取り入れた新品種アケノホシである。

これら抵抗性品種をつくるときは、ヒメトビウンカとツマグロヨコバイの防除薬剤はいっさい不用となるが、セジロウンカとトビイロウンカには抵抗力はなく、防除は必要である。

ウイルス抵抗性品種は食味がわるく、ほかの特性も劣るので、あくまでユーレー病回避だけの目的に作付けされるべきであり、決しておすすめできない品種である。

日印交配種をジャンジャンつくって出荷されたら、主食米の味の評価を落とすことになり、他用途米ならよいとしても、日本晴より味の劣る品種は自粛したい気持ちである。

玉系四四号はセジロによわい

昭和五十七年以来作付けしている。来歴は第64図のとおりモダン系Ｓｔ№2と日本晴の交配種で、出穂期が日本晴より四日おそく、金南風なみで熟期がちょうどよい。ユーレー病激発地の埼玉県では、四十年代に普及したが、晩生すぎていままではむさしこがねにかわっている。

玉系番号のままで品種登録されずに消えてゆくところを復活して、私の地方では根強い人気を得ている。

この品種は短稈穂重型である。穂重型のわりには登熟がよく、コメ粒も太いので検査等級はよい。とくにセジロウンカが好むので、七月中旬によく観察しなければ大害がでる。

穂イモチには強いがモンガレと下葉枯れに弱く、ガサガサになりやすい。尺角疎植でもモンガレ防除は必要である。止葉はよく立ち、出穂期変動が少なく、倒伏の心配はない。わらは太くて粘りがなく、引っぱり強度がないのは、日印交配種共通の性格である。

同じようにつくって日本晴より一〜二俵は多収する。

苗代での芽立ちがわるい特長もある。五石ねらいは容易である。

穂が大きくなりすぎるミネユタカ

大分県の奨励品種で中国農試育成、農林二二五号。当県でも相当普及したが、青米が多いのでやめた人が多い。

この品種はつくり方がむずかしい。深追を効かすと見事な穂が出るが、とにかく穂首の登熟がわるく、これが最大の欠陥である。穂肥なしでつくればうまくゆくが、深追イナ作には向かない。下葉枯れしやすく、稔実障害が多く、二次枝梗は登熟しにくい。わらは硬くて倒れにくいがモロい。使いわらには向かない。ほんとうは少肥向きの、短稈穂重型品種である。食味評価は低い。上手につくれば多収する。

遅植えにむかないむさしこがね

ウイルスに強いだけで、セジロウンカに弱く、熟色わるくあらゆる病気に弱い。コメ質もわるく、稈も短すぎて下手するとコンバインにかからない。当地でつくると何のとりえもない悪質品種であるが、埼玉の早植え地帯ではかなり安定しているのは、この品種は早植え地帯向けであり、遅植えには向かないことを意味している。

アケノホシ超多収というが？

中国九一号という系統番号で昭和四十六年に育成され、他用途米逆七五三計画の第一弾として昭和五十九年五月十四日農水省登録、農林二七四号の最も新しい品種で、他用途米の夜明けという意味でアケノホシと命名された。

その誕生は実にショッキングで、超多収反七〇〇キロ、主食用にも向く！　と大々的な発表であったが、さてさて？　これは大ウソ！

実際に圃場栽培すると、穂が巨大になりすぎ、不稔粒が多すぎる。一穂平均三〇〇粒以上つくが、シイナが五〇パーセント以上も出る。

とにかく不稔粒をなくすための最大の努力がいる。それは出穂三〇日前に肥効を落とし、穂肥を極端に減らすことである。多肥を受けつけないのである。

来歴と特性をみてみよう。

ＩＲ８、在中在来一号、Ｍｕｄｇｏはインドイネでこれと国産種との交配で、橋渡し品種（中間母本）ＩＲ６６１とＫＣ８９を育成、これに味を重視した中国五五号を交配した中国九一号である。橋渡し品種ＫＣ８９を育成した技術は高く評価され、インドイネのもつ耐虫性と耐イモチ性、そして着粒性を持って出たが、耐冷性はゼロである。そこへ中国五五の強稈性と、味のよさをプラスした技術の勝利だという。

その特性は、稈長日本晴なみ、倒伏には強。分けつは日本晴の五〇パーセントくらいの穂重型。出穂期は日本晴より二日遅れ、穂が大きいため収穫期は十日以上遅れとなり、暖地専用の晩生種である。そして熟色は汚い。

出穂前三〇日ごろにチッソが効きすぎると、穂の着粒が多くなりすぎ、坪一六～一七万粒を超しそうで、稔実障害をおこす。熟色は汚い。穂肥を減らした分、実肥をやればよいかもしれない。粒は小さく、芒のないことと、葉身無毛症という過去に例のない姿で、止葉はよく立ち、ホコリのしない品種だ。

耐病性はウイルスに極強、イモチは中ぐらい、シラハガレに弱く、とくに耐冷性に欠ける。問題は稔実歩合で、穂の大きいことが歩合を下げ、青米の発生で品質が悪化しやすい。とにかく乾燥に困る。ミネユタカ同様に穂肥の過多はいけない。深追してはだめだ。

そして何より、モンガレに極弱、メイチュウにもすこぶる弱い。この二つは必ず防除がいる。コメの食味は日本晴に劣るから、日本人の口には合うまい。当面他用途米、緊急時には主食向けと農水省はいう。

収量は一〇年間の試験では日本晴より一〇～二〇パーセントの増収と発表されているが、これは大本営発表である。事実はまったく逆。まず日本晴より増収することはない。さきの玉系四四でも二〇パーセントぐらい増収する。

あまりにも稔実がわるいので、アケノホシの雄性不稔を育成して、ハイブリッド化の開発に着手しているぐらいである。

わたしの品種考

明治以前には日本のイネの品種は約四〇〇〇種あったといわれる。明治四十年に六七〇種に整理統合されたが、その後、農林省の手で交配が重ねられ、農林一号からはじまって昭和六十年度までで二七六号を数え、各県独自の育成種を加えて三〇〇種ぐらいが作付けされているという。

日本のイナ作何千年の歴史のなかで、いろいろな系統分離と突然変異の選抜などのくり返えしがあり、土地に合った優良種が受けつがれて現在の交配種の親になっている。

過去に捨て去られた在来種のなかには、各地の篤農家の手によって細々とつくりつづけられている品種もあり、こういうものをつくってみると非常に面白い。

イネほど品種によって性格の異なる作物はない。その性格をつかむことでつくり方を変え、短所を長所に変えることができるのは百姓のダイゴ味でもある。

カタカナ書きは農林番号

大正時代は、在来品種の純系淘汰によって育成されたが、昭和初期から国の機関で優良品種は農林番号がつけられて奨励され、地方系統番号のままで普及していた近畿三三号や東山（とうさん）三八号など著名な品種は、そのままの名称で奨励された。

昭和二十四年に命名された農林五一号までは番号で呼ばれ、農林二二号などは、単に農林、とだけ農家間では呼ばれていたほど有名な大品種である。その後、番号が大きくなるにつれてややこしくなり、五二号からは番号のほかにカタカナの呼び名をつけることになった。

コシヒカリは農林一〇〇号であり、ササニシキは農林一五〇号である。

農林省による育種以外に、各県独自で育成された奨励品種と区別するために、ひらがな、または漢字の命名としてはっきり区別された。

だから、コシヒカリを越光と書いたり、コガネマサリを黄金勝りと書くと別品種を意味し、金南風と書くところをじゃまくさくて金マゼと書いては奨励品種でなくなる。日本晴をニホンバレと書けば、そんな農林番号の品種はないこととなる。

このことは農家としても、指導者としてもよく注意しなければならない。

全国に三〇〇種もある代表的イネ品種のなかには、渡り歩くうちに名前がわからなくなり、自分で勝手に命名しているものも多い。このばあいは、絶対にカタカナで書いてはいけない。

品種名は特許的性格をもつ。交配種は育成者に特許権が与えられてもよい性質のものだ。他人が勝手に名前を変えることは許されない。

選抜育成が農家の楽しみ

イネは元来、開花以前にすでに受粉を終えているもので、モミが割れてオシベが飛び出した開花の状態は、すでに受精はすんでいる。イネは風媒花で、風で花粉が飛ばされて受粉するといわれるが、これによる隣の田との交雑は、何億分の一というようにきわめてまれなのである。何年も同じ品種を自家採種すると品種はボケるが、交雑でボケるよりも、性質が劣化するのである。

専門家によるイネの交配は、温湯除雄という方法で花粉を殺しておこなわれる。そして世代促進で年数回くり返して選抜するが、その大部分は親より劣性であり、よいものはきわめて少ない。こうして育種家は、一生かかってよいものを見つける努力をされている。素人がポンと交配種をつくれるわけはないのである。

一方、明治以前から、篤農家による選抜は、何億分の一かの自然交雑種や、突然変異種を偶然見つけだすことによっておこなわれてきた。こうして日本の在来種が改良されてきた。冷害青立ちイネの中から一穂の健全株を見つけたり、イモチ全滅田の中から一株の耐病株を見つけたりして、土地に合った変異株が受けつがれてきたのである。

有名な亀治、関取、旭、都、雄町などの質のよいことといったらない。愛国、神力、白千本、十石などは低質でも耐病多収で、それぞれ今の農林番号の親となっている。

外国イネの血がはいった品種

農林番号の若いものは純日本種の交配で育成されたが、昭和十五年に台湾陸稲戦捷が交配母本にとり入れられてからは、日本のイネの性格はガラリと様相を変えた。

戦捷のもつイモチ抵抗性因子が、コメ不足時代の日本人を飢餓から救った。そして度重なる改良で、短稈穂数型耐病性機械作業順応型の規格イネが幅を利かすようになり、食味劣化と相まって消費者のコメ離れをひきおこして過剰時代となったのである。戦捷はそれほど日本のイナ作を変えてしまった。今の日本中のイネは、コシヒカリとササニシキを除けば、すべて戦捷の血をひいているといって差し支えない。

いいかえれば、純粋日本種は食べてうまいが耐病性・耐倒伏性がなくてつくりづらく、外米の血をひいたものはつくりやすくてまずいコメ、ということだ。これに気がついて消費者の好むうまいコメ、コシとササが大増反され、数年連続不作でこんどはコメ不足が深刻となったりで、歴史はくり返されている。

戦捷の血のはいった品種は食味がよくない、というと育種家にしかられるし、その努力をないがしろにするようではあるが、コシ、ササ、ハツシモ、朝日、農林二二号、二三号、三七号、東山三八号、近畿三三号などの純血種の食味と比べるとその差はあまりにも歴然としている。やっぱり戦捷ファミリーは、食味は格落ちがはっきりしすぎているのが事実だから仕方がない。

もう一つの外国イネ。昭和四十七年には、パキスタンイネモダンが導入された。

ムギ作地帯の関東と、暖地の四国・九州、瀬戸内で悩みのタネであるシマハガレ病（ユーレー病）、これの抵抗性因子をとり入れるのにモダンの血を入れた。

モダンと農林八号を数回バッククロスした中国三一号、st No.1の育成に成功、これと日本晴や幸風との交配でシマハガレ病免疫品種が固定された。ミネユタカ、玉系四一〜四四号、むさしこがね、青い空、星の光、月の光、酒米の灘錦などである。

これらは共通した特性をもっている。シマハガレ常襲地では、救世主であるが大きな欠陥もある。イネにかぎらず、品種はオールマイティーはありえないもので、よい面とわるい面を必ず両面もつ。とりたててよい点もなければ、重大な欠陥もないという日本晴のようなバカ品種が、結局は大当たりする理由がここにある。

前述の戦捷の血は、長年の交配かけ戻しで相当うすめられたが、モダンは親にバッチリで血が濃い因子を選抜しているために、ストレートに特性が出る。

優点は、シマハガレ免疫のほか、茎が短くて硬く、倒伏しないこと。欠点は、わらは粘りがなく、ガリガリで牛も喜ばず、ワラ細工にも向かないこと。さらに重大な欠点は何としても登熟歩合のわるいことにある。

止葉は伸びやすく穂が長大となり、着粒数が多すぎるので穂は飛び熟れする。はじめて栽培した人は、必ずモミすり作業で機械がつまる。青米が多いから乾燥不充分となるからである。一年つくるとコリた、といってきっと二年目つくらない。

欠陥の二番目は食味である。母親がモダン系、父親が戦捷系ではコメはうまいはずがない。ワラに粘りがないのに比例してコメに粘りがない。ツユを越すとバサバサ。カレーか焼きめし向けである。

新しい品種はよくできる

イネ・ムギにかぎらず、野菜でも何でも珍しい土地にはよくできる。イネも、品種を変えただけで珍しいのでよくできる。イネにも品種のイヤ地がある。珍しい品種は、少ない肥料でも素直によくできる。少ない肥料だから病気が出ずに性よくできて増収するのである。

しかし、ここに問題点がある。

珍しい品種をつくると、品種特性がわからないためにきまって大失敗があるものだ。その典型的なものは、出穂期であり、もう一つはよくできすぎて倒伏させることである。

感光性と感温性

イネの特性のうち、いちばん気になることは出穂期である。肥料をやる基準は出穂何日前できめるから、二〜三日の誤差も許されないからだ。

田植えの早いかおそいかで出穂期は大きくかわるものもあれば、いつ植えてもある時期がこなければ穂の出ない品種もある。これは品種のもつ感光性と感温性の強弱による。

感光性とは、光に感じて（日長によって）穂をこしらえる性質のこと。感温性とは、積算温度が一定に達して、予定出葉枚数をこなしたのち、穂ごしらえにはいる性質のことである。むろんイネはこの両方の性質を同時にもっている。しかし、そのうちどちらに傾くか、どちらの性質のほうが強いかが問題である。

感光性の強い品種は、夏至の六月二十一日をすぎて日照時間が短くなったことを、敏感に感じて穂づくりにはいる。早生の品種にこれが多く、西日本でササニシキをおそく田植えできない理由がここにある。もし、六月中、下旬にササニシキを植えたら、分けつ最盛期の七月中旬ごろに親茎がスッと穂を出してしまう。これを不時出穂といい、つぎつぎと穂を出しながら分けつがつづいてゆく。これではさっぱり栽培にならぬ。

このように北の品種が南でつくれないのと同じように、南の品種も北ではつくれぬ。九州の品種を緯度の高い北でつくると、日照時間が長いために、いつまでも穂が出ない。たとえば、国道沿いのナトリウム灯の近所の田は、夜通し明るいために、感光性が働いて穂が出ないという話をよく聞く。

感光性は緯度による。いちど地図を広げて緯度をたしかめると、出穂期の変動がわかる。すなわち、北へゆくほど夏の日照時間が長く、南へゆくほど真夏の日照は短いのである。北極までゆけば、夏は白夜で夜はない。赤道上では昼と夜とは、早い話、十二時間ずつである。

東北南部から九州まで、どこでも広くつくれる品種は、コシヒカリと日本晴である。この二品種は、感光性と感温性をほどよく持ち合わせ、どちらにも強く傾かないから広域適応性があり、日本中で作付面積の一位と二位を占めているのである。

感光性の強いイネは、一八枚の出葉がなければ穂が出ないので、田植えを遅らせれば出穂はそれだけ遅れる。また、初期生育を抑えることだけでも出穂は遅れる。そして、出葉枚数の増減が年により発生し、好天の年は出穂が早まり、悪天の年は遅れるなどの変動が大きい。これに該当する品種の代表的なものが「中生新千本」である。

倒伏性と食味

イネの特性で、出穂期についでたいせつなことは収量性である。収量性が高い、ということはまず、倒れないことと、病気抵抗性であることはいうまでもない。

このうち、万病に抵抗性のある品種はないので、病気に対してはつくり方次第。イモチに強ければモンガレに弱かったり、モンガレに強ければシマハガレに弱かったり、シマハガレに強ければシラハガレに弱かったり。

イネを倒してはコメはとれぬ。倒れる寸前までツツ一杯肥料を効かすことが増収の秘訣のように今までは信じられてきた。だから、いくら肥料を入れても倒伏しない品種が増収品種といわれてきた。だが、最近の品種は、いくら肥料を入れても絶対に倒れない品種が非常に多くなった。たとえば、九州のニシホマレ、ミネユタカ、あそみのりなどの短稈種である。これらはチッソ成分で正味二〇キロ（硫安現物換算五袋）を入れても倒れない。倒れはしないが、こんなに入れると必ずイモチにやられるか、稔実障害をおこす。

今は品種が変わってしまって、ツツ一杯まで肥料を効かして倒伏寸前までもってゆく、という神話は通用しなくなったのである。

倒伏性と食味との関連を考えてみる。

コメのうま味は日本人共通の味覚として、いちばんに粘り、つまりもっちりした粘い味だろう。そのつぎに甘味というかコク。三ばんめは香りである。

いま、日本でいちばんうまいコシヒカリ、これはうま味の三拍子がそろった絶品である。ササニシキにくらべてやや粘りすぎるきらいはあるが、粘りすぎるから淡白な品種とブレンドするのに向く。

粘っこいめしはツヤがありピカピカ光る。これはデンプンの組成が異なり、熱によって完全に糊化（アルファー化）しやすい性格をもつ。パサパサのめしは、炊いても完全に糊化しない分子が残るので、粘り気が出ないことが確認されている。

コシヒカリの父親農林一号は、すごく粘いが甘みとコクがない。いわゆる水くさい味である。母親の農林二二号は、粘りは中位だがコクと香りは朝日系に近く、朝日系より粘いコシヒカリはこの両者の食味のいいところばかり持っているが、そのほかの特性はまるで両親よりわるい。両親より倒れやすいし、イモチに弱いのでつくりにくい。

日本にある五つの代表的なうまい品種は、コシヒカリ、ササニシキ、朝日、ハツシモ、農林二二号といわれる。いずれもつくりにくい品種の代表でもある。

品種特性とはそんなもので、一方がよければ片方は必ずわるいのである。これが天二物を与えずというものであろう。

コメが粘いということは、わらも粘いことを意味する。もち品種はその頂点だ。だから、うまいイネは倒れやすいのであって、決して倒れないという品種は、絶対にコメに粘りはない。

日本古来の在来種にも、愛国、十石、白千本、名倉穂、良作などに代表されるように、決して倒れないイネがあった。その性格をうけついでいるのが千本旭であり、幸風、金南風、太刀風、ホウヨク、ツクシバレなどもある。新しいものでは、さらにその血をひくニシホマレ、ニシヒカリ、ミネユタカなどの九州の品種があげられ、ほかにモダン系などがある。

だから、いま品種選択にあたって食味はどうか、と考えるとき、試食してみる必要はまったくない。イネの姿を見たら、確実に食味は判断できるのである。絶対に倒れない硬いわらの品種は、めしは絶対にパサパサでまずい。

偶然、ビワ色に上手につくって、新米を上手に炊いて、ニシホマレやミネユタカも結構うまい！と感じてもそれは空腹だったのだろう。ツユ越しのコメや、冷やめしの経験までなしに、うまいと断ずることはできない。コメの食味は土地柄による、といわれるが、それもウソである。あくまでも品種による。そのつぎに肥料の効かせ方による。

イネの姿が、もち品種のように少肥でもジワッとなびくような品種は、コメに粘りがある証拠だ。もう一つ、倒伏には挫折倒伏がある。ジワッとなびいてからペタリとくるのではなく、いきなり予告なしにペタッと挫折する品種がある。在来種では、京都旭、滋賀旭、中京旭、東海旭など、朝日と旭系に代表されるもので、その血をひくヤマビコ、中生新千本、などがこの類であり、少しマシなのが近畿三三、農林二二、東山三八などのN８×N６ファミリーである。これらの系統は粘りにやや不満があっても、概してコクと甘味がある。

なかには例外がありそうで、あまり古いことは知らないが、在来の神力に代表されるように、わらは粘くてなびくのに、コメは粘りのないものもあるらしい。ミホニシキ、道海神力、三井神力、宝、雄町、山田錦などである。その昔、道海やミホニシキは主力品種でよく食べたが、朝日系の足元にも及ばないわるい味であった記憶がある。また、酒米の山田錦なんか水くさくてパサパサで今でも食えたもんじゃない。

こうして、概して倒伏性と食味については一定の公式があり、品種選択に関しては食味をとるか、収量をとるか、イネ姿をみて判断されるとよいだろう。

しかし消費者もかわいそうなので、これからは良質米生産にはげんでやらなければならない。ほんとにうまいコメを食べさせてやらねばならない。反収八俵でもいいじゃないか。N22や東山38のようなリバイバル品種が復活してほしい気持ちでいっぱいである。

岡山県に農林二二号で八〇〇キロをとる会というのがある、と聞いた。うれしいことで、私も仲間に入れてもらいたいぐらいだ。

わるかった品種を追え

いろいろの品種を選んで作付けできる人は、前年のわるかった品種を追うべきだ。人情として、多収した品種をまたも来年追いかけたくなるが、これはまちがい。昔から「わるいものを追え」といわれるように、去年天候に合わなかった品種は今年はよかったりする。

年によって品種が合うか合わんかは予測できないが、果樹の隔年結果のように、イネも当たる品種が隔年にあらわれるような気がする。

奨励品種にもの申す

各県の奨励品種の選定に疑問がある。県農試は他県育成の品種には拒否反応を示す。表向きは奨決圃場（奨励品種決定圃場）で比較栽培をするが、何かと難くせをつけて排他的ではないか。そのかわり自県育成のものは誇大広告？　する。たかだか数枚の奨決圃場でそう簡単に優点が発見できるものではない。つくった農家のほうがよほど知っている。

「こんなよい品種をなぜ奨励しないのか」とか「こんな劣悪なものをいつまで奨励品種にしているのか」といった不満が農家間には多い。

奨励品種が県単位でバラバラなこと自体おかしい。少なくとも気候の似た地方ぐるみで考えねばいけない問題である。また、品種の流通量によって（作付面積によって）奨励品種を改廃することも不合理である。よいものは、農家に「これをつくれ」と本当の奨励をすべきである。わるいコメは「これはつくるな」というように、価格で格差をつけるなどの行政上の非励奨策などがほしい。

「日本人の消費者のコメ離れがすすんでいる」という報道は謀略である。農家にコメつくりの意欲を失わせて、米国からの輸入に道を開くための策略である。日本人は米食民族である。日本人の好むコメの品種をどしどし奨励するのが本筋ではないか。

あとがき

今の日本のイナ作指導の主流であるV字型イナ作理論というのは歴史が新しい。私が本書に網羅した痛快への字型イナ作論は、決して新しい技術ではない。古い技術の掘り起こしである。日本二〇〇〇年のイナ作史のなかの多収技術の復習である。

私のイナ作も年とともにかわりつつある。それは、超省力手抜きから篤農技術へ、そしてまた、楽な手抜き？　放任栽培へと移りつつある。

手抜き放任捨てづくり、といっても、惰農のやる捨てづくりではない。きめ細かなイネの観察と水管理、田の均平と水もれ防止、土づくりは他人のマネを許さないほどの有機に富んだ深い耕土。こういった基盤に立っての放任栽培である。この放任とは、『余計な肥料を入れない・余計な薬剤を使わない』ということであり、地力とイネの力を信じてほうっておく、ということである。捨てづくりの意味がちがうのである。

『鮒釣りにはじまって鮒釣りに終わる』という言葉がある。釣りマニアは、小学生のころはまず池でフナを釣ることから釣りを覚えた。そして海釣り、荒磯での豪快な釣りへと発展し、海外まで出かけてトローリングまでやる。そして、労力と金をかけた道楽釣りも寄る年波に勝てず、また山間の池で静かに鮒釣りで釣り人生の幕を閉じる。

私も釣り好きでこの道を歩んできた。一週間がかりでの小笠原群島の処女地釣りは、二回も遠征した。これで釣り人生も満足し、今は小川でメダカを釣る心境である。

しかし、イネづくりは川でメダカというわけにはゆかない。せめてタイの一本釣りで幕を閉じたい。それは、私のイナ作人生はこんな道すじだったからだ。あらゆる資材を投入してできすぎのイネをつくり、あらゆる農薬をかけて精農家になり、やることは何でもやった。こんな無駄な労力と高コストにイヤ気がさし、もっと楽なイナ作へと転換を試みる、といった変遷である。

四〇年の私のイナ作人生の結果、たどりついたのは以下のようなことであった。

●コムギ超多収六石どりの跡地に坪三三株二本植え（六月下旬）。元肥尿素八キロ、過石二〇キロ。出穂四五日前硫安五キロ。これで施肥は終わり、穂肥なし。深層追肥もしない。防除は殺虫剤粉剤三キロ一回。殺虫剤粒剤五キロ一回。

以上のやり方のコストを計算してみると、肥料代は反当二〇〇〇円、農薬代は除草剤を含めて反当四〇〇〇円。ほかにコムギわらを腐らすバクテリア代反当二〇〇〇円。計八〇〇〇円にすぎない。土づくりはイナわらと牛ふん交換で、反当五トンは毎年ふってもらえるし、ムギわらすき込みで地力は増加の一途。化学肥料は、反当たり硫安と過石各一袋で余るぐらいである。これで痛快で豪快なイネに育っている。

これからは、もっと肥料を減らせると思っている。小細工のいらないイネつくりを目ざしたい。篤農家から得農家への変身は果たした。これからは、得農家の上に「ほっ」をつけて「ほっ得農家」になりたい。

百姓は一国一城のあるじである。誰にも邪魔されまいぞ。

水田の力イネの力を信じる「への字」

橋川　潮●滋賀県立短期大学・滋賀県立大学交流センター名誉教授（故人）

――V字理論に疑問をもつ

私がV字理論稲作ではコメは穫れないという疑問をもち始めてからやがて三十年近くにもなる。V字理論では、時として水田の地力を邪魔もの扱いにしたり、イネの個体生産力を無視するような場面に突き当たる。イネの生育を自由自在にコントロールして「収量構成要素」を追い求めることに徹しているからであろう。多げつを求めるため初期生育が旺盛なイネは、所詮は秋落ち＝低収に陥りやすいのだ。

さて、昭和四十年代の前半は、全国的にコメ増収熱に燃えていたころである。そのころ、滋賀県でも近江米増収運動が農家の増産意欲を高めていた。滋賀県農業試験場でもそれに呼応して、イネの多収穫試験に全場をあげて取り組んでいた。作物主任であった私は当然のことながらそのリーダーの一人として、なんとか革新的な増収への道はないものかと、多くの仲間たちと研究をすすめていた。

当時はV字理論稲作が唯一のイネ多収穫栽培法と思い込んでいたので、当然のことのようにV字理論を教本として、その滋賀県稲作への適用を模索していた。したがって、多げつによって多穂をもとめることをイネ生育の絶対的な前提条件と考え、早植え、元肥など分げつ増加に関係する窒素肥料の増施、健苗の密植栽培を金科玉条としていた。しかし、いくら頑張ってもV字理論では安定した多収イネへの道は拓けなかった。

悩み抜いているときに、イネの多収穫栽培のためには、水田土壌の持っている高い地力を活用することがいかに大切なことか、イネ個体の持っている高い生産力を活用することがいかに大切なことかを、つぶさに見せつけられた場面に出会ったのである。

二—水田土壌のもつすばらしい生産力を活用する

水稲多収穫試験のプロジェクトに全場をあげて取り組んだ二年目（昭和四十二年）に、土壌肥料研究室で水管理に関する試験を行なっていた。そこでたいへん興味深いイネに出くわしたのである。

元肥窒素を施さずに移植後三十三日目（有効分げつ終止期）に初めて窒素追肥をしたイネが従来型の、元肥多窒素で多げつに育ったイネに比べて、穂数こそ少々減少したものの穂は大きくなり、登熟はよく、一〇％の増収。なによりも注目したのは、草出来は小さいがモミ・ワラ比が著しく高まることによって増収を果たしたことである。なんと生産効率の高いイネではないか。

このことは、V字理論にしたがって多げつ→多穂→多収を期待していた私たちにとっては驚きであった。この試験を担当した西沢良一技師はその後、元肥半減、最高分げつ期と穎花分化期窒素追肥の画期的な施肥法を提唱する中心的な役割を果たした。この滋賀の新施肥法は全国的に「滋賀方式」として高く評価されている。この新施肥法が普及されて以来、滋賀のイネで倒伏がめっきり減り、コシヒカリで畳を敷き詰めたような倒伏はほとんどなくなってきた。

だいたい、水田は長年にわたって培われてきたものである。特殊な分析法で水田に今までどれくらいの有機物が投入されてきたかを滋賀県草津市、栗東町の水田で調べたことがある。それによると、千年、二千年と稲作が続いてきた水田に、毎年毎年、稲わらが四二〇キロ、イネ科雑草が二七〇キロ（ともに一〇アール当たり乾物重）も投入されてきていることがわかった。現在も自脱型コンバインで収穫する場合は稲わらは残渣（ざんさ）としてその全量が水田に還元されているので、最近、省力化が進んで水田地力を高める努力に欠けているという論議は的を射てないことである。わらのすき込みが難しいということで、一部にせよ焼いてしまうなどは暴挙と言わざるをえない。

夏の高温時の地力の消耗は大きい。ところが水田の場合は床を締め、代かきをすることによって水の縦浸透を抑えているので養分の流出を防いでおり、高温にもかかわらず有機物の分解は徐々に進む。

きわめて保守的な仕組みになっている。おまけに、大量の灌がい水の中にもいろいろな無機養分が含まれている。だから無肥料でイネを栽培しても、たいていの水田では四〇〇キロの反収がある。しかも無病息災。「無」から「有」を生じるわけではないのである。

窒素に関していえば、イネ一作で一〇アール当たり六キロ程度の窒素をここから吸収利用しているのである。吸収窒素のコメ生産効率の高いコシヒカリでは、けっして地力の高いとはいえない水田で、じつに五〇〇キロの反収に達したことがある。

このようなことを稲作農家を対象とした講演会や研究会などで話しても、ほとんどの農家は理解してくれない。怪訝(けげん)な顔つきなのだ。よほど地力の高い水田での出来事としか思わない。自分たちは苦労して肥料をふり、農薬をまいて五四〇キロの反収、それでも周辺のイネよりも多収、そんなはずはないと思っているのだろうか。このことをわかってもらうことがイネつくりの基本と考えているものだから、「一度、無肥料でイネをつくってみたら。そうしたら水田の地力の偉大さを知ることができるでしょう。あといつ、どれだけ肥料をふればよいかということをイネが教えてくれるでしょう。ぜひ無肥料栽培の試し田をつくってみよう」と力説してきた。

滋賀県野洲町の稲作農家の研究集団と懇談したおりに、やはり、「無肥料栽培の試し田をつくろう」と呼びかけた。彼らは率直に翌年（平成五年）に「試し田」をつくった。その年は暖地でさえもイモチ病が多発し、とくにイモチに弱いコシヒカリではさんざんな目にあった。

私はこの災害のほとんどは、窒素肥料の多投入による人災だと考えている。こんな稲作が続いているようでは国際化が進む時代に対処できない、わが国の稲作は潰れてしまうという焦りから、翌六年二月、滋賀県立短期大学で「稲作技術の再検討」という題で緊急に自主公開講座を開いた。大講義室は補助椅子を用意するほどの満席。遠くは新潟、福井、兵庫からも稲作農家が詰めかけた。私は内心、地方の大学の誇りを感じていた。その時、その野洲町の稲作農家・鍛治政男さんが意見を述べた。「去年のコシヒカリで、無肥料のイネがいちばんコメがとれた。あとの田はやはり欲張って肥料をふったので、イモチ病でさんざんでした。」こんなに素晴らしい援護射撃はなかった。その公開講座には井原豊さんの姿もあった。

要するに、このすばらしい水田地力を邪魔もの扱いするのではなく、一〇〇%活用すれば、窒素施肥法をそんなに難しく考える必要はなくなるのである。水田の地力窒素の発現速度、つまりはイネへの吸収速度は地温の上昇とともに高くなり、生育後期になると後切れして減退してくる。これはイネの生育量（乾物重）の増加曲線とほぼ一致する。生育初期の地力窒素の発現が小さい場合には、やはり、最小限必要な分げつを確保するために、元肥など分げつの増加に関係する窒素の施肥が必要となろう。そのような場合でも施肥量は最小限でよい、というよりも最小限がよいのである。地力窒素の発現が多少とも初期にかたよる水田や、コシヒカリのように窒素吸収効率のよい品種では元肥などに窒素をふる必要はないのだ。

そのように元肥などの窒素を減らし、必要なだけの分げつを確保し、しかしがっちりと育った小出来のイネに対しては、生育中期の窒素追肥が有効に働く。こうなると、V字理論のイネとはまったく異なった生育相のイネになるわけである。井原豊さんが「への字稲作」を提唱したのも、根拠はここにある。

いずれにせよ、このようなイネは生育中期の積極的な窒素追肥で秋まさり型の生育、つまり多収イネにアプローチすることができる。その生育の特徴をまとめてみると次のようになる。

①分げつは少ないが歩留り（有効茎歩合）が高いので穂数が不足することはない。また、分げつが少ないので、一本一本の茎が十分に太陽のエネルギーを受けて茎太に育つので穂は大きく、穂揃いもいい。

②秋まさりのイネは上位葉が伸びるが、上位節間、上位葉の葉鞘が伸びて葉群が上の方に持ち上がって草型が改善され、受光態勢は悪くはならない。

③茎太に育ち、下位節間はかならず短く、下葉の枯れ上がりも少ないので挫折型倒伏をひき起こさない。しかし生育中期の窒素追肥が多すぎると葉量が増えすぎて湾曲型倒伏の原因になる。

④登熟期の根の機能にすぐれるので同期の光合成能力が高い。出穂期以降の乾物生産は直接にモミ重（収量）の増加に結びつくので、登熟をまっとうするのに有利である。

⑤生物収量（全体の重さ、ワラ重＋モミ重）が従来型のイネと同程度になれば、収穫係数（モミ・ワラ比）がかならず高まることによって高い収量がえられる。このことと吸収効率の低い元肥を減肥することによって、窒素施用総量は大幅に低減することができる。

⑥病害虫に強い。

などの特徴がある。

いままでの施肥量は多すぎた。多投入によって多収を求めてきたので、倒伏や病害虫の被害をまねき、稔実も悪く、結果的には減収となるイネが多かった。今なお多投入型の稲作が続いているのは、障害が少なく多投入型稲作が「当たり年」の、収穫の喜びをいつまでも忘れることができないでいるからだろうか。

安定して多収イネを得るには、第1図に示されるようになるべく少ない肥料で栽培することが望ましい。多肥栽培は障害と隣り合わせであり、多くの場合、現実に障害がおこって減収をまねく。私たちの研究では、イネ一作で吸収する窒素は、地力由来のものが一〇アール当たり六キロ強、肥料由来のものを加えて一〇キロ吸収すれば確実に六〇〇キロの収量が得られる。つまり窒素を七〜八キロ与えれば十分ということである。コシヒカリの場合はその効率性と栄養生長量から考えると五〜六キロでよいことになる。十二キロも十三キロも吸収させて効率の悪い、障害多発のイネつくりをしているのが現状であり、コメもまずくなっているに違いない。

三―イネ個体のもつすばらしい生産力を活用する

イネ個体――一粒のタネ、一本の苗――がどれだけすばらしく育つことか。その生産力を活かすことがイネつくりのもう一つの、というよりももっとも重要な基本だと考えている。

雑誌『現代農業』で一時、尺角植え（坪三十六株、一株一本植え）のイネのみごとな生育の様子、多収性を盛んにキャンペーンしていた。私もイネ個体のもつ生産力に関して興味をもっていたので、四年間連続して尺角植えイネに関する栽培試験を試みた。尺角植えの疎植イネは密植イネ（坪七十二株、一株四本植え）と比較すると、個体密度は八分の一に過ぎず、成熟期の面積当たりの乾物重が密植イネに及ばないにもかかわらず、モミ・ワラ比が確実に高まることによって、なにがしかの増収を示した。

その疎植イネの姿は株が開張して生気に満ちていた。分げつ増加に関係する元肥などを思い切って減量し、生育中期に生産体制の拡大をはかるために窒素追肥をした、秋まさりイネの生育の特徴をよ

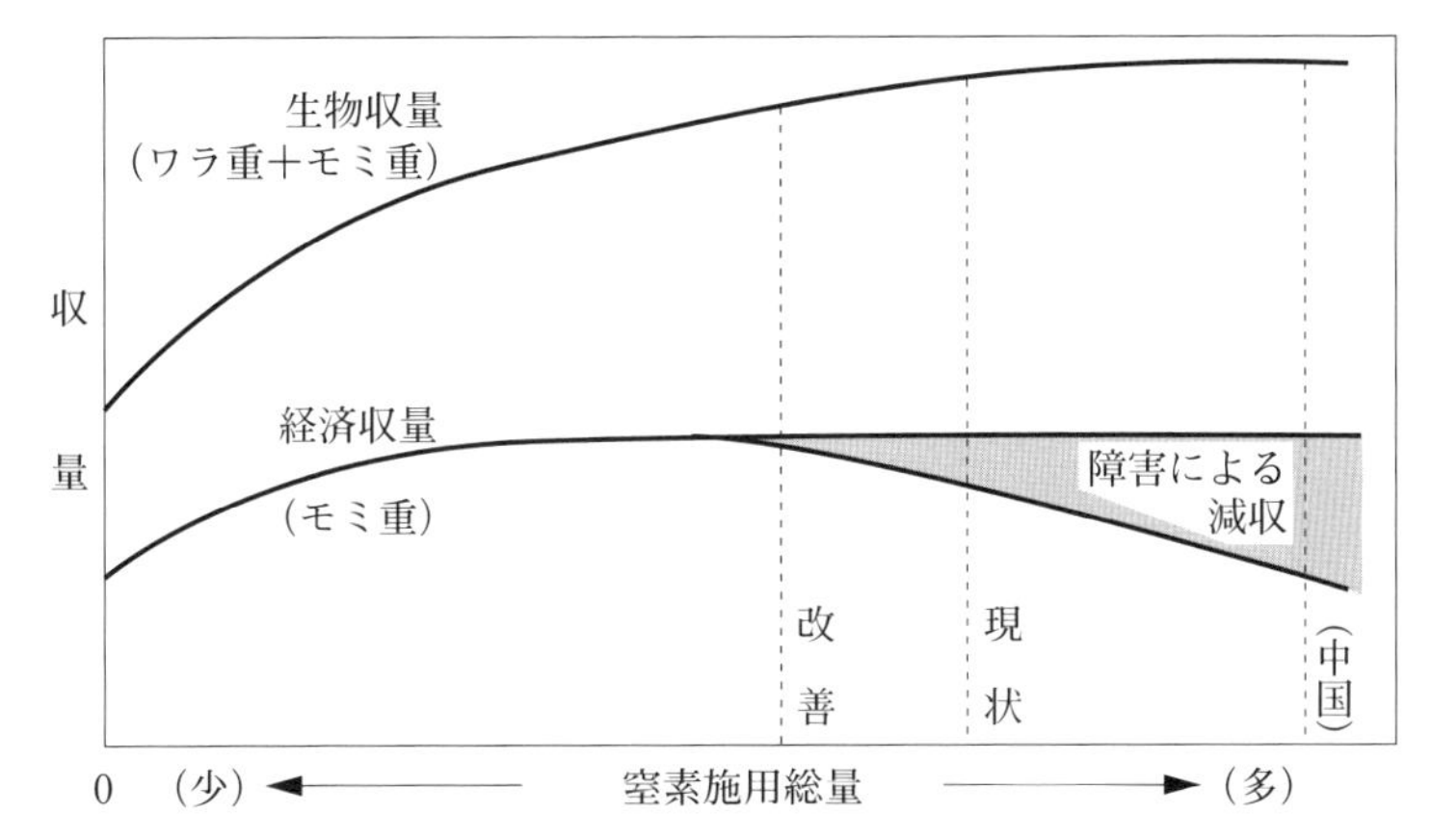

第1図　窒素施用総量と生物収量・経済収量との関係
（概念図）

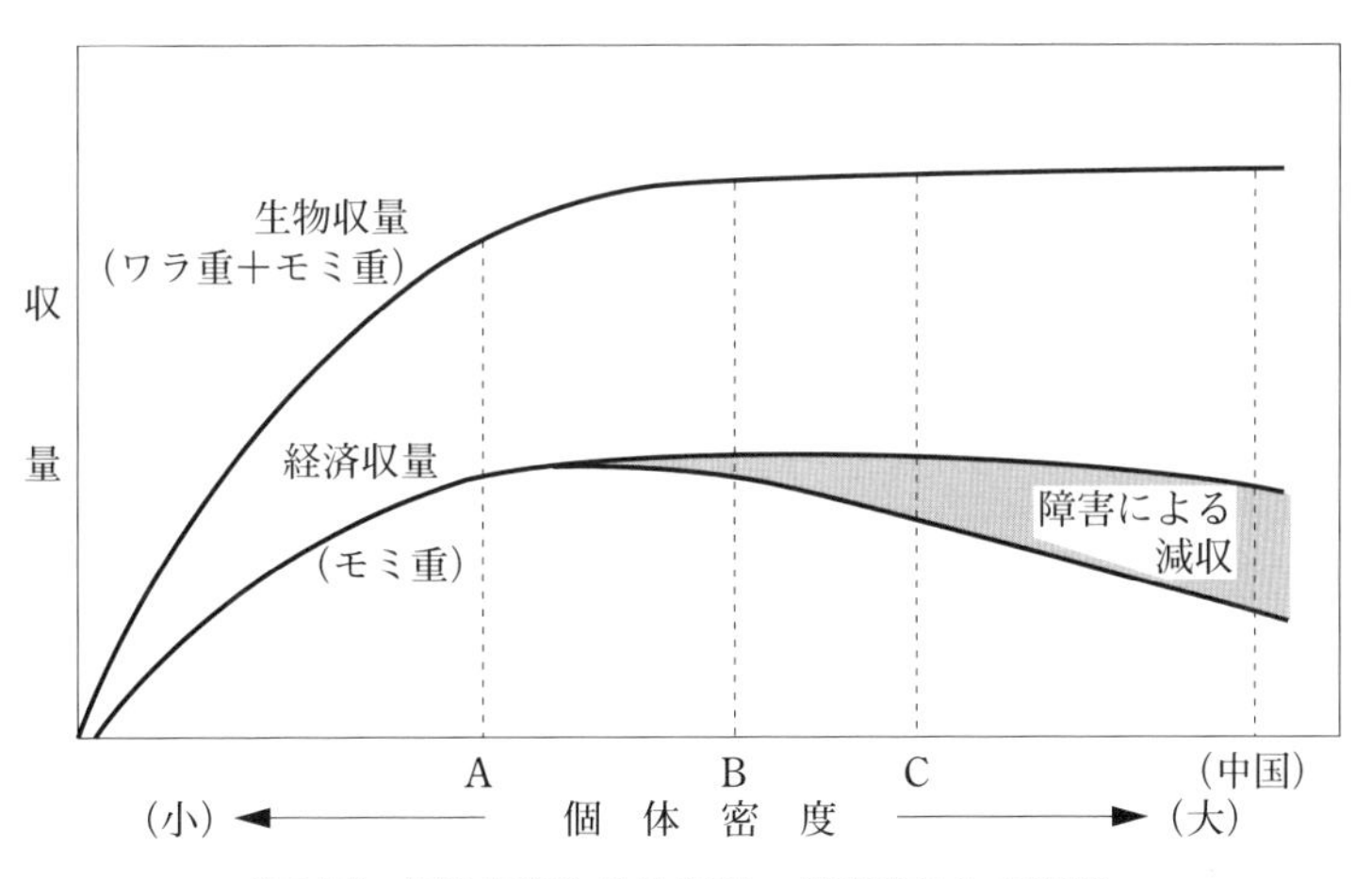

第2図　個体密度と生物収量・経済収量との関係

りいっそう強調するものであった。

私は今の情けない稲作技術の現状に警鐘を鳴らす意味で、たえず、「田植機稲作でイネの姿は狂ってきた」と言いつづけてきた。農機メーカーは「橋川はけしからんことを言う」と陰口をたたいている。彼らこそよほど不勉強なのだ。そのあと私が言おうとする「田植機稲作でイネの姿は狂ってきた。工業によって開発されてきた現在の田植機を、こんなにすぐれた農業機械はないと思っている。ただ、田植機の開発以来、イネの栽培までもが工業的な発想で行なわれるようになってきたところに問題があるのだ。イネを育てるという農業的発想の欠如が問題なのだ」ということに聞く耳をもたないのだから。

できるだけ薄まきの稚苗（少なくとも箱当たりの播種量八十グラム以下）を、できるだけ細植え（株当たり平均三本植え以下）することによって、あとは個体のもつすぐれた生産力を頼りにイネを育てたならば、初期の生育量はいたって小さく貧弱だが、生育中期以降にぐんぐん大きくなって、施肥法をいろいろと工面する以上の増収効果が期待できるのである。ただそれだけのことで、稲作の根本的な改善ができるのだ。

第2図を見ていただきたい。前述した極端な疎植イネ（A点）は成熟期の生物収量はやや小さいが、モミ収量は一人前。ここまで個体密度を下げることは田植機稲作では不可能なこと。しかし、現状の

イネ（C点）が密植、とくに株当たりの植え付け苗数が多いために倒伏、病虫害などの障害の危険にさらされ、農薬、はては倒伏軽減剤の世話になっている。それでもそれらのイネは障害をもろに受けて減収していることが多い。この惨状を改善するためには、可能なかぎり個体密度を下げる（B点ぐらいまで）以外に解決の糸口はないのだ。

私は仕事の関係で中国にたびたび行くが、あちらの稲作がまさに密植多肥栽培。一時は坪二〇〇株植えというのも珍しくはなかったが、今は平均して一〇〇株植えぐらいにはなった。それでも超密植だ。それに施肥量が多い。窒素肥料は日本の二倍近くもふっている。これでは生育力の強いハイブリッド品種などはたまったものではない。収穫のころになるとイネはぐちゃぐちゃ。紋枯病、白葉枯病、倒伏と酷いものだ。中国の研究資料、私どもが実施した中国のハイブリッド品種を使った研究の結果および現地のイネをつぶさに観察した結果に基づいて、「個体密度と窒素肥料を半減したら、二割は増収するのでは」といっても、きょとんとしている。習性というか、思い込みとは恐ろしいものである。

四―井原豊さんとの出会い

昭和五十七年に、前述のような稲作についての考えを雑誌『現代農業』に掲載したころから、機を同じくして、これまでの稲作技術とはまったく視座の異なる発言が増えてきた。このニューウェーブのなかで、今までに何度もお会いしたことのある人も多い。田中義郎さん、井原豊さん、稲葉光國さん、宇根豊さん、山口正篤さん、……。人々はお互いにただ一度会うことは多い。しかし何度も会うということは、お互いに共通の目的なり価値観を持っているからである。中国風に言えば「老朋友」ということになる。

それぞれに違った立場からイネを見つめてきた方々なので、当然のことながらそれぞれのイネに対する考え方は異なっているが、イネ個体のもっている生産力、水田土壌のもっている地力のすばらしさを熟知し、それを稲作に活用するという点では共通した考えを持っているといえよう。

田中さんはイネの炭水化物（糖、デンプン）生産とそれを支える根の役割を重視してきたし、宇根さんはイネ群落内の生態、虫の様子を鋭く観察することによって虫の世界での害虫の位置づけをはっきりと把握し、害虫防除を的確に判断、減農薬によって九州地方の大敵である秋ウンカの被害を軽減する運動を、農業改良普及員の立場で精力的に行なってきた。稲葉さんは成苗二本植研究会を主宰し、県立高校教諭の職を投げ捨てて、地域農業の発展と伝統的文化の継承に心血を注いでおられる。山口さんは私の大学の後輩だが、イネの的確な生育診断を重視して、農試マンとして栃木の稲作改善に人一倍の活躍をしている。さて、井原豊さんは？

井原豊さんとの出会いは古い。いつ、どこでということは正確には憶えていないが、講演会とか研究会で一〇回ぐらいはお会いしたと思う。やはり共通の目標と稲作観を持っていたからであろう。前述の私どもが開いた自主公開講座のときも、案内を出したら姿を見せてくださった。講座の後に別席で懇親会を開いたが、そこにもお越しいただき、多くの熱心な稲作農家といろいろと話が弾んでいた。ガンの宣告を受けた直後だったかと思う。また、私の退職を記念した出版事業（橋川潮編著「二十一世紀への提言――低投入稲作は可能」、富民協会、一九九六）にも快く賛同、その第二部に『稲作技術は大雑把がいちばんだ』の寄稿をいただき、また、出版記念祝賀会にも出席された。それから間もなくして入院、闘病生活に入られたことは彼が亡くなってから知ったのである。そこに、稲作技術にかけた彼の闘志と人との付き合いを大切にするお人柄を感じるのである。

さて、井原さんの稲作についての考え方を一口で言うならば「非科学的」、しかしそこに真実がある、つまり真の科学的な思考があると思っている。百姓・井原としての発言は多くの稲作農家の共鳴を受けた。彼は会うたびによく、「自分はほうぼうで話をしてきた。たいていはわかってもらえたと思う。ところが、ほとんどは実行には移してもらっていないんだ」と嘆いていた。私は、それでいいのではないかとも思っている。少なくとも、百姓は面白いと、多くの稲作農家の共鳴を得ているのに違いないのだから。

出典：『井原死すともへの字は死せず　井原豊追悼集』（1998年　井原豊追悼集刊行会）

著者略歴

井原　豊（いはら　ゆたか）

1929年大阪市生まれ。1942年兵庫県太子町に移る。1944年から農業に従事。戦後、国鉄、兵庫県警、自動車学校、信用調査会社に勤務。1976年「オールド4Hクラブ」結成。1980年『現代農業』に執筆開始。1984年から専業百姓。約1haの水田で米麦野菜をつくりながら､執筆･講演活動を行なう。1997年死去（67歳）。

著書（いずれも農文協刊）
『ここまで知らなきゃ農家は損する』（1985年）
〈ここまで知らなきゃ損するシリーズ〉
　『痛快イネつくり』（1985年）
　『野菜のビックリ教室』（1986年）
　『クルマで損する』（1986年）
　『痛快ムギつくり』（1986年）
　『痛快コシヒカリつくり』（1989年）
『写真集　井原豊のへの字型イネつくり』（1991年）
『図解　家庭菜園ビックリ教室』（1994年）
ビデオ・DVD制作指導
『井原さんの良質米つくり　低コスト経営編／への字型栽培編』（1991年）
『井原さんの産直野菜つくり　美味安心栽培編／なるほど輪作編』（1995年）

ここまで知らなきゃ損する

痛快イネつくり

1985年12月25日　初版第1刷発行
2012年2月10日　初版第26刷発行
2019年10月25日　復刊第1刷発行

著者　井原　豊

発行所　一般社団法人 農山漁村文化協会
〒107-8668　東京都港区赤坂7-6-1
電話　03 (3585) 1142 (営業)　03 (3585) 1147 (編集)
FAX　03 (3585) 3668　振替 00120-3-144478
URL　http://www.ruralnet.or.jp/

ISBN 978-4-540-19175-6
〈検印廃止〉　印刷／藤原印刷㈱

製本／根本製本㈱
定価はカバーに表示
乱丁・落丁本はお取り替えいたします。